U0866523

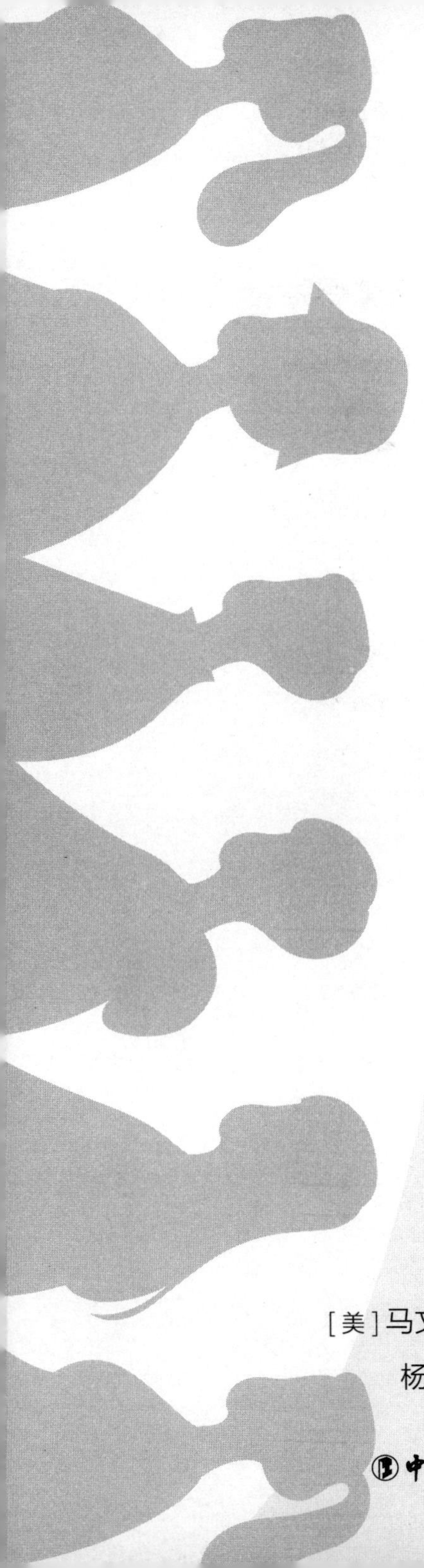

生活零压力

开启优雅人生的27堂课

Live Without Stress

[美] 马文·马歇尔 / 著

杨骥捷 / 译

中国工人出版社

想象一下，你打开门进入一个新房间。当你进去的时候，你会发现你对这个房间的喜爱程度远超过自己以往所有的房间。

这本书会带你进入一个新的房间，为你打开零压力生活的大门。

前言
Preface

法国哲学家勒奈·笛卡尔的名言“我思故我在”，大概是哲学和医学史上最有名的一句话了。这句名言至今依然影响深远，其思想基础就是人的思想对身体不会产生影响。而我们现在却有确凿的证据证明，人的认知（思想）确实会影响情感（情绪），进而形成我们身体的压力。

一个事件总是有多个角度，而我们的看法，决定了呈现在我们面前的到底是问题还是挑战。比如，站在地球上看，地球是平的；从外太空看，地球是圆的。两者之间存在差异，是因为我们看事情的角度不同。同样，如果我们不能正确认识发生的事情，我们就会主观地理解看待它，而这往往会给我们带来压力。

压力会对身体产生很多不良影响，如头痛、增重、失眠、哮喘、心脏病、溃疡、抑郁症、偏头痛、肠易激综合征等，并且也会给人的免疫系统、消化系统和中枢神经系统带来很多不利影响。此外，越来越多的证据表明，压力是导致这些症状产生的一个重要因素，因为压力会损害大脑的神经元。

期望或焦虑情绪会造成压力。人的大脑很强大，认知和生理反应关系十分紧密，在遇到困难时，大脑可能会发出逃避、对抗和忽略等信号，指导身体作出相应的反应。而大脑的这些功能，可能会成为激励自主的推动者，也可能会成为诱发疾病的罪魁祸首。

正确运用思想会使其成为治愈身体的良药。然而，一旦当你的思考方式又习惯性恢复到那种无效思维时，之前被治愈的身体情况也会随之急转直下。我们通常认为，身体疾病是由某种心理状态引起的，而这种心理状态常常是诱发很多疾病的原因。因此，身体疾病是可以通过一个人心理状况的变化而得到改善的。能快速证明这一观点的例子就是，当你去度假的时候，你的头疼会马上消失。

压力常常让我们感到很糟糕。它会让我们变得易怒，让我们变得连做日常活动都会觉得很困难。我们开始逃避日常活动，即使有些事情我们之前可能很喜欢做。压力还经常促使我们去做一些不合理、不明智的决定，而有些会直接造成我们财产的损失，甚至会影响我们的工作。压力还会影响我们的胃口，让我们的饮食变得不规律，不是节食，就是暴饮暴食。有时我们甚至因为压力变得自暴自弃。

压力与很多事情相关，有时我们可能根本没有意识到压力的存在。在我们接触一个新事物或者参与一个事件的时候，我们很可能会忘记，那只是帮助我们的工具而不是控制我们的工具。例如，很多研究表明，过度依赖智能手机可能会导致焦虑、压力和认知能力下降。

这本书会教你一些简单的方法，帮助你有效减轻压力、提升社会责任感、增强工作效率、改善人际关系，让你真实地享受人生。但有一个条件，那就是你需要根据这本书的建议不断练习。

最后，关于文中术语的理解是非常必要的。“压力”这个词蕴含多种含义，有时它也表示身体上的疼痛、精神上的折磨以及创伤性经历。例如，由飓风或一些外部因素或暂时的物理状态导致的流离失所，会增加人们的压力。即使是碰到这样的情况，这本书也会帮助你正确对待你所面临的压力，让你和你身边的人都能更好地享受生活。

|目录|
Contents

Part 9 其他与压力相关的话题

Part 1

影响压力的关键因素

假设

思维与行为

内部、外部驱动力

我们养成习惯，习惯左右我们。

——约翰·德莱顿

在这一部分的开始，我们会先学习假设。假设直接影响我们的行为。假设可以减轻或者增加我们的压力，进而影响我们的生活乐趣。如果我们正在过马路，我们会假设来往车辆不会撞到自己。如果我们去看电影，我们会假设自己非常开心。如果我们觉得自己做不到某件事，我们会告诉自己不要加以尝试。我们的假设可能会给我们的生活带来好的影响，但也有可能是不好的。关键一点就是我们要对自己所作出的假设有所觉察，因为我们只有意识到自己在做假设，才有可能去影响或者改变它。在第一章“假设”中，主要帮我们认识理解假设是什么，以及它是如何对一个人的压力水平产生影响的。

了解大脑和身体之间的联系，对缓解压力也是很有帮助的。正如智者所说：“我们的身体只是躯壳，而思想才是我们的灵魂所在。”我们如何思考直接影响了我们的感觉。第二章“思维与行为”向我们解释了人的大脑和躯体是如何相互影响的，它们二者之间有什么关系，以及它们与压力之间的关系。

这本书中所讨论的驱动力，包含内部驱动力和外部驱动力。一般来说，我们做的每一件事情，都是为了与他人和谐相处，对他人而言也是如此。然而，很多时候，我们做的事情又与别人希望我们做的事情有所冲突。由于不同人做事的动机不同，了解人们做事背后的驱动力，可以增加我们的掌控能力和话语权。驱动力与压力之间的联系，将在第三章“内部、外部驱动力”中娓娓道来。

为了能有效减轻压力，首先，我们要能清楚地认识到自己所做的假设；其次，我们应该明白我们的思想是如何影响我们的情绪的；最后，我们要知道，自己受哪些驱动力影响。

Chapter 1 假设

尽管假设是必要的，但它们通常也是造成不必要压力的原因。

——马文·马歇尔

周六清晨，我的妻子驾车去医学实验室。实验室宣传册上写着周六开门，但当她到了那儿后却发现，实验室大门紧闭。原来是宣传册上的时间写错了。如果我的妻子去之前能意识到医学实验室周末会开门是自己的假设的话，她也许就会先给那边打个电话，咨询一下再出发，这样她就不会白跑一趟了。

假设是一种想当然的信念。它们出现得太自然而然了，以至于我们经常意识不到自己在作假设。每天我们早晨下床时，会自然而然地认为地板就在我们脚下；当我们发一封邮件时，会认为收件人一定会收到。但有时我们也可能做一些并没有那么自然和有效的假设。例如，有时候，我们会通过别人对我们的说话方式来推测他是否在生我们的气。但有可能这个人的情绪是受一件完全与你无关的事情影响，而不凑巧的是，你正好在这时碰到了他，于是你就成了他的“出气筒”。又比如，你在做体检的时候可能会假设，因为做的所有检查都是常规的，所以检查结果也不会出问题，或者你也有可能觉得，医生在给你安排检查，所以你的身体一定是出了什么问题。

因此，很重要的一点就是，在我们作假设的时候，自己要有所察觉，这样我们就可以根据自身情况判断这个假设对我们到底有没有好处。对假设的认知会使我们增加对生活的控制权，从另一个角度看，也可以帮助我们舒缓压力。

假设影响我们的行为

著名的行为学专家道格拉斯·麦格雷戈（Douglas McGregor）曾指出假设有两种类型，分别被他称之为X理论和Y理论。（然而，在现实生活中，这种两极分化的立场也存在中间地带。人的经历、性别、年龄和社会地位等因素都会对假设产生影响。）

在监督者与被监督者、父母与子女、老师与学生、配偶等任意关系中都可以发现麦格雷戈所提出的X理论、Y理论的踪影。

X理论

麦格雷戈指出，那些在与他人打交道时表现出专制风格的人会作出以下假设：

- 一般人天生懒惰，厌恶工作。
- 大多数人需要被强迫、被约束，甚至是被威胁才会激发他们的潜能。
- 一般人更倾向于当被指挥者，他们不想承担责任，最重要的是他们需要安全感。

符合预期就会得到奖励，而偏离预期就会被惩罚。属于 X 理论类型的人在面对事情上采取的对策，也从“软”到“硬”有所区分。教官常常会选择“硬”方法对待教员，而“软”方法适用于强制性偏弱的策略。通过奖励和贿赂取得控制的方法，是常见的“软”方法。

X 理论具有强迫和操纵的特性，常常会给人们带来压力，使人们产生抗拒心理，并且会形成一些糟糕的关系。

Y 理论

Y 理论的假设与当前的研究更加一致，并且取得了更大的成功。这种方法帮助人们进行自我指导，促进人与人之间的合作，使人们摆脱了被动的强迫关系。

属于 Y 理论类型的人会作出以下假设：

- 不论是在工作中还是在学习中，体力和脑力劳动都是很正常的，勇于承担责任才会获得满足感。

- 人们在他们所负责的活动中不断强化自我指导和自我控制的能力。
- 承诺取决于与成就相关的奖励，而奖励就是自我满足。

大多数人倾向于使用 X 理论。他们可能都没有意识到自己正在试图控制，而控制正是 X 理论的基础。相反，Y 理论却是建立在影响之上的。当人们不再受到具有强制性、操控性的 X 理论影响时，与其伴随的压力、阻力和糟糕的人际关系也会随之消失，他们会感到无比轻松。运用 Y 理论协作、激励自主性的特点，可以更有效地舒缓压力，改善人与人之间的关系。

下面这些例子能够帮助你更好地确定自己到底是 X 理论类型的人还是 Y 理论类型的人。

- 作为一个管理者，如果你强制自己的下属必须在某个确定的时间完成新项目，那么你就是 X 理论类型的人。而 Y 理论类型的管理者则会向下属解释为什么这个项目需要有个截止日期。
- 作为一位家长，如果你对你的孩子说，他 / 她没有做到预期的事情会被惩罚，那么你就是 X 理论类型的人。而 Y 理论类型的父母则会引出一个结果或一个过程来帮助孩子完成该做的事情。
- 作为一位伴侣，当你跟配偶发生争执时，如果你执拗地坚持自己的观点，那你就是 X 理论类型的人。而 Y 理论类型的人会停止争论，给每个人表达自己观点的机会。

检验假设

假设你在早晨被告知下午你的主管要跟你谈谈。你觉得这次会谈将是好事还是坏事呢？如果你假设下午的会谈是惩罚性质的，会谈结束后，你发现自己并没有被批评，那么你就无端地给自己增加了烦恼。相反，如果你假设下午的会谈是奖励性质的，但会谈完之后发现并没有得到奖励，那么你就会感到失望。但如果你最开始就不对这次会谈做任何假设，这样不就可以避免徒增压力和烦恼了么？但你要怎么做才能让自己不去想这场即将到来的会谈呢？

最快的方法就是转移关注点。在下一章节中，我们将对认知如何影响情绪做详细的介绍。简而言之，就是当你的思想有所转换，你的情绪也会跟着变化。举个例子，当你想象自己走出会议室满脸笑容的场景时，你会发现，你的压力和不安马上就消失了。

基于错误信念的假设总会搞砸很多事情，如导致一些糟糕情况的出现、错失机会、形成不健康的关系。我们也许很清楚自己在想什么，自己想表达什么意思，但是对于其他人来说，他们可能会对我们的所作所为有完全不同的理解。在一部经典连环画《卡尔文和霍布斯》中，卡尔文对他妈妈说："我饿了，能吃点儿点心么？”妈妈回答道：“当然，你去吃吧。”下一个场景，卡尔文穿过客厅，嘴里吃着一个曲奇饼，手上还拿了一个。另一个房间传出他妈妈说话的声音：“你可以从冰箱里拿个苹果或橘子填一下肚子。”卡尔文停住脚步想道：“即使我跟妈妈说的都是英语，我们还是完全不懂对方的意思。”在卡尔文的字典里，点心就是曲奇饼干；而对他妈妈来说，苹果或橘子才是点心。

再举个例子：一个父亲带着她三岁的女儿进行丛林探险。路上，爸爸反复告诫女儿要沿着路走。但他女儿一直在到处走来走去，她一会儿看看绿色植物，一会看看红色灌木，然后又看看蜿蜒流淌的小河。她父亲一直在说：“沿着路走，我说了，沿着路走。”最后，他终于忍不住把女儿拽到身边，晃了她几下，大声呵斥道：“我跟你说了多少遍，让你沿着路走！”小女孩眼泪汪汪地抬头看向她父亲，哽咽道：“爸爸，什么是路啊？”

注意：有时我们会用“期望”代替术语“假设”，但是为了让读者更好理解，我们作如下区分。“期望”代表期待、预测什么事情会发生，而“假设”则认为某事发生是理所当然的。首先要理解的是，阐明他人驱动力，既是假设，又是猜测。有时，人们连自己做一件事情的驱动力都搞不清楚，更不用说完全理解他人的驱动力了。

在学校里，各个年级、班级都普遍存在错误假设的情况。（我曾担任过小学、初中和高中的校长，所以我可以证明这一点。）尤其是当老师们讲完课，会自动认为学生们都已经掌握了，而并不会去一个一个检查学生们是否把知识牢记于心。

我的妻子是环形思维，而我是直线思维。我为了能更好地与妻子沟通交流，从不去假设自己知道她想要什么。但我会不断向她确认，我对她说的话的理解是正确的。其实，我想表达的观点就是："我知道你觉得你能明白我想表达什么意思，但是我不确定你所听到的是我想表达的意思。"

其实，只要你够专注，检验你作出的假设也不是不可能的事。我们假设了解别人的行为驱动力这一举动是很常见的，甚至在特定情况下是必要的。例如，我的妻子写了一些文章，主要讲述驱动力对人性格发展的重要影响。而现实生活中，假设他人的驱动力可能只是一个猜测行为。

我现在已经不会再为确认一个人的驱动力而花费时间了，取而代之，我会把关注点放在这个人的行为上。我发现，在这种方法的指导下，我可以作出更好的决定，建立更好的人际关系，并且在谈话中会有更多的掌控权。

为什么假设会是错的呢？看了下面这首著名的诗，你就明白了。

印度小山村里有六个盲人，
他们从来没见过大象，
为了长见识，

他们每个人想通过触摸，
去了解大象。

第一个人走到大象旁边，
不小心摔倒了
身体撞到大象身上，
立即大喊道，
上帝啊，原来大象就像一堵墙。

第二个人，摸到了大象的长牙，
大叫道，
哇哦！这是什么？它圆润光滑，而且非常尖，
我已经很清楚了，
大象就像一支矛。

第三个人走近大象，
恰好碰到大象的鼻子，
然后提起勇气说道，
照我看，
大象就像一条蛇。

第四个人满心期待地伸出手，
碰到了大象的膝盖，
这个神奇的动物也没什么特别。
他说道，
我现在已经十分清晰了，

大象就像一棵树。

第五个人，
摸到了大象的耳朵，说道，
就算我们是瞎子，
也能说出大象最像什么吧，
谁都不能否认事实，
大象这个神奇的生物就像扇子！

第六个人也上前抚摸大象，
他抓住了大象的尾巴，
说道，
我知道了，
大象就像一条绳子。

所以，六个盲人因为大象，
争论不休，
每个人都有自己的想法，
谁也不同意谁的，
即使他们每个人对大象的描述有一部分是对的，
但最终他们每个人都错了。

《盲人摸象》
——约翰·戈弗雷·萨克斯著

关键点

- 与他人合作时，要注意你的方法。X 理论类型假设主张强制，Y 理论类型假设主张影响与合作。
- 假设是想当然的信念。
- 错误的假设可能会导致不好的事情发生。
- 假设只是对他人驱动力的猜测，而我们要做的是关注一个人的行为。

Chapter 2 思维与行为

身体只是代替大脑活动的一个工具。

——托马斯·阿尔瓦·爱迪生

勒奈·笛卡尔曾说过："我思，故我在。"直至今天，这个错误的观点依然对我们的思维产生很大影响。因为它拒绝了这样一个事实：大脑和身体是如此不可分割地交织在一起，以至于它们无法分离。

现今，有非常明确的证据表明，思维会对人的行为产生影响。人的大脑是由多个系统交织形成的，所以身体和大脑确实是密不可分的。科学研究表明，认知（思想）与情感（情绪）之间有着不可分割的关系。简单来说，我们的思想影响着我们的情绪，进而对我们身体的压力水平产生影响。我们对这些联系的理解，尤其是对思维与身体之间的相互影响的理解，对减轻压力至关重要。

行为影响因素

现在有三种情况：

第一种情况：假设此刻你非常想看某个电视节目。你已经吃完了晚饭，很舒服地靠在躺椅上，正在全神贯注地看这个节目。这时候，电话铃响了。你可以起来接电话，也可以不管它就让它一直响，等着电话答录机自动回复。

第二种情况：你在家里听到门铃响了，你的本能反应是先看看谁来了。

第三种情况：你正在开车，看到红灯，你自然而然地停车等候。

接电话、查看谁在敲门、停车等红灯，这三种情况都是你被刺激后的原始反应。外部环境会刺激你作出反应，但不会是导致你作出反应的原因。其实，最关键的就是要意识到，你不一定非要对刺激作出反应。

过去的三年，我每个月都会出差去纽约见客户。期间，我会去拜访我的表兄，他是一家国际性商业杂志的高级编辑。很明显，我的表兄是一个很敏锐的人。但即便如此，我也没能成功劝说他，让他相信电话铃响、门铃响和看到红灯只是简单的信息，这些信息并不会自动控制他的行为。

很多年前，在还没有电话答录机的时候，一个男人正在朋友家做客。两个人聊得正高兴，这时电话铃响了。主人不想去接，就让电话一直响，自己继续和客人聊天。但客人却想让主人去接那个电话，铃声一直响让他心烦意乱。最后，他实在忍不住爆发了，问道："你到底要不要去接电话？""不接，"主人回复道，"我安装电话是为了方便，而我现在不方便，所以我不接。"

我们会有意识或无意识地选择对刺激的反应。在实际应用中，有意识或无意识作出的反应结果，并没有太大区别。但问题是，当我们认为自己的行为被外部因素控制时，比如我们认为接电话、给人开门、等红灯这些行为都是被他人强迫的时候，我们就会觉得非常不舒服。关于我们面对外部刺激时，有哪些选择以及应该如何回应，我会在后面的内容中详细介绍。但此时此刻，我们要明白没有任何事情能够控制我们的行为。即使我们听到，"没有其他办法了"，实际上也还有其他办法可以选择。当你不在人世了，选择也就自然而然结束了。

我们每天会做上千个选择，每时每刻都在作选择。清楚认识以下两点，是我们进行下一步，即更好地了解压力的基础。

第一，要时刻意识到假设的存在。

第二，要知道没有任何事情可以控制我们的行为。

请记住，我们的行为是建立在自身思维（内部刺激）的基础之上的，我们只是对外部刺激作出反应而已。

生理机能

这本书主要是讲关于减轻压力的方法，但如果你对压力对身体在医学和生物学上的影响这方面内容很感兴趣，你可以在网上查看，网上有很多相关内容。我推荐大家去读读布鲁斯·麦克尤恩的《压力终结于被发现》。

要了解体脑联系的主要生理依据，首先我要先简单解释一下身体是如何产生压力的（科学家将其称之为“伤害性刺激”）。压力始于大脑深处，一个被称为下丘脑的结构会对位于肾脏顶部的肾上腺发出警报。肾上腺被刺激后会释放激素，而最常见的激素就是肾上腺素。科学研究表明，肾上腺素是一种会引发恐惧、恐慌，使人感受到威胁的应激激素。

另一种激素——皮质醇，不仅会加重人们的恐惧，还会使人的情绪开始崩溃。皮质醇作用于杏仁核，而杏仁核又在形成与恐惧或创伤事件相关的长期记忆方面起着不可估量的作用。杏仁核储存记忆中的情感内容，主要就是恐惧。杏仁核还与我们所熟知的预期焦虑的产生有关。预期焦虑指的是，没有任何确切原因让我们为一件事情感到忧虑，但我们还是会产生害怕和焦虑的情绪。因此，杏仁核中应激激素水平的提高会让我们更加焦虑，增加我们本已承受的压力。

随着肾上腺素不断提高心率，不断输送额外的血液到肌肉组织和器官，脉搏也会越跳越快。肺部支气管扩张，氧气会大量涌入，而额外的氧气也会直接进入大脑。当皮肤血管受肾上腺素影响而收缩时，毛发就会立起来。肾上腺素也能促使身体释放葡萄糖，为身体提供能量。这个压力的形成过程总是与负面情绪相伴而行。

沮丧、焦虑、抑郁、敌意、缺乏控制力和不可预测性都是促使激素进入血液循环的主要驱动力。

大脑可塑性高，既有快速恢复的能力，还可以进行交互活动，因此大脑是可以随时适应环境变化的。我们的经历和思想，都会促进重新连接大脑的新联系产生。这些新的联系会为我们的身体孕育新的细胞，这一过程又叫“神经再生”，人的学习能力和记忆力与神经再生有着很紧密的联系。

总之，压力是通过学习和记忆产生的。所以，我们可以通过不断重复自己的思想和行为改变神经的联系和大脑的功能。

思想健康

有一个切实有效的方法能够让你保持思想健康，远离压力，那就是动起来，毕竟人的身体不是为静止设计的。

运动能刺激生长激素的释放，进而促进有助于肌肉生长的蛋白质的产生。这种蛋白质量的增加可以促进神经元的发育，有助于增强记忆，使大脑的运作效率变得更高。

有记录表示，久坐不动的生活方式时常造成可怕的后果。经常“宅”在家的人患癌症、心脏病和老年痴呆的概率会比正常人高不少。当你进入人生的中老年阶段，不经常运动会加重你的关节炎和腰酸背痛，甚至会导致你情绪上的抑郁和焦躁。据调查显示，有氧运动是最有效的减压方法之一（对血管性痴呆症不起作用）。

由于我们现在绝大部分人都过着久坐不动的生活，所以我想跟大家分享下面这个故事，看完之后希望可以让你的生活“动起来”。

从前，一个农夫家里的一头驴子掉进了井里。驴子哀号不停，农夫也一直在想，到底应该怎么做才能把驴子救出来。最终，农夫考虑到这是一头年迈的驴子，而且这口井也需要被填上，所以农夫找来了一个铁锹，开始往井里填土。

驴子的哀号声又持续了一段时间，然后突然安静了下来。农夫又往井里填了几铲土后，走到井边，往下看了看，然后惊呆了。

农夫往井里填的每一铲土都落在驴子的背上，然后驴子晃晃身子，把农夫刚刚填的土踩在脚下。随着农夫一铲一铲往井里面填土，驴子脚下的土层也越来越厚。没多久，驴子就从井下逃了出来，然后跑掉了。

这个故事给我们的启示就是：有时候，生活会往你身上“堆土”，而你要做的，就是抖抖身子，把那些“土”踩在脚下。

关键点

- 认知（思想）与情感（情绪）是密不可分的。
- 情绪是大脑机能与身体其他部位交织产生的。
- 大脑是可塑的，具有恢复能力和反应能力，但是压力会抑制大脑的运作。
- 多活动有利于减轻压力。
- 锻炼对大脑的正常运作至关重要。

Chapter 3 内部、外部驱动力

> 动机是门艺术，它可以帮助你让他人“心甘情愿地”做你想让他们做的事情。
>
> ——特怀德·大卫·艾森豪威尔

在本部分的第一章，我们学到了假设会影响我们的思想。在第二章，我们进一步学习了思想是如何影响我们的情感和压力水平的。现在我们来谈谈减轻压力的第三个关键点，即我们是如何被激励的。

术语解释

“Motivation”一词有很多解释。最常见的就是与“外部”和“内部”联系起来，形成词组“外部驱动力”和“内部驱动力”。

然而，从技术层面来说，所有的动机，都是由“人心”产生的。在生活中，人们总是受到他人或身外之物的影响和启发，也

可以称之为刺激。当我们的行为受到他人刺激的时候，我们会很自然地把他人称为“激励者”而不是“刺激人”，就如我们会说“她是个了不起的励志演说家”，而不会说“她是一位了不起的刺激人、影响人和鼓舞人”。

外部驱动力，主要是指那些来源于我们身体外部的刺激。刺激的形式包括说服、诱导、激励、鼓励、勾引、鞭策、触发、煽动、奖励或惩罚。受社会因素影响，外部驱动力的形成原因主要有两种，一种是因为对合作有需求而产生的，另一种是迫于同辈间的竞争压力而产生的。

内部驱动力，主要指由于自身内部的原因产生的刺激。内部原因主要包括个人兴趣、好奇心、渴望和一些基本生理需求，如吃饭、睡觉等。内部驱动力是与生俱来的，它使人们在不受外部因素影响的情况下，自然而然地进行一个活动。

本书将主要研究和对比内部、外部驱动力对人产生的内、外影响。意识到两者的不同后，我们才能更好地理解和决定何时应该采用接受的态度应对外部影响，而何时应该选择抵抗的态度应对外部影响。了解驱动力的来源，可以让我们远离高压带来的消极影响。

内部驱动力和外部驱动力都会对人们的行为产生影响。举个例子，你的爱人知道你去了杂货店，你回来的时候，可能会发生以下两种情况：

- 你让他（她）帮你把买的东西拿进去，他（她）才动手。
- 在你还没有开口要求的情况下，他（她）就自觉地帮你拿买回来的东西。

实际上，这两种情况你的爱人最终所做的行动毫无区别。第一种情况，外部驱动力起了作用，因为这个刺激因素来源于你说的话。而第二种情况，是受到了内部驱动力的影响，因为没有外在因素对你爱人的行为产生影响。在这个例子中需要理解的关键点是，即使爱人帮忙拿物品的行为都是一样的，但是影响他（她）行为的驱动力却是不同的。

外部驱动力

外部驱动力对我们生活产生的影响不容小觑。人类是社会性动物，天生渴望被爱，渴望与他人和谐相处。而实现这个愿望最简单的方法就是模仿他人，做对方做过的事。

下面，我们将用一个年轻人的经历，来介绍外部驱动力是如何运作的。一个年轻人很想加入一个自己喜欢很久的团体，这个团体的成员都抽烟，这个年轻人便也开始抽烟。而事实上，这个团体中没有任何人让这个年轻人这样做，但是他却也开始抽烟了，这是为什么呢？其实，这个年轻人开始抽烟，只是受了他人潜移默化的影响。

一天，你发现你的好朋友变瘦了，你问她怎么做到的。你的好朋友就跟你分享了她新的食谱和日常锻炼方式。然后，当你照镜子的时候，看到镜子中胖胖的自己，你便决定学习朋友健康的生活习惯，这就是外部驱动力对你的行为产生了影响。

科技的发展对社会的变革产生了深刻的影响。很多电子游戏、电影、电视节目中夸张和雷人的情节无疑是为吸引年轻人设计的。在娱乐和时尚行业，形成了一种针对年轻人营销的独特文化。其实，我们随便看看关于时尚的广告就可以发现，目标群体几乎都是年轻人。有时，年轻人会因为父母给自己“买错了牌子”而生气，这就很好地证明了年轻人对“融入”同龄人潮流的强烈渴望。同样的道理也适用于成年人，成年人间的攀比是很常见的。当我们打开电视看新闻的时候，也可以发现一些人们受外部驱动力影响的例子，比如，群众在暴乱中产生的“从众心理”会造成人身伤害和财产损失。

内部驱动力

以心理健康理论著称的亚伯拉罕·马斯洛（Abraham Maslow）明确地阐述了内在动机的概念：

> 如果你想了解一个人的一生，那你必须把他的最高理想考虑在内，是自我实现，还是对健康的追求；是对身份

地位的追求，还是对完美的渴望；又或者是其他一些被人们普遍接受的最高理想形式。

马斯洛在其著作《需求层次理论》中提到，自我实现是需求的最高层次。人生经历给了我们可以区分不同种类驱动力的能力。而随着年龄的增长和人生经历的丰富，我们往往会本能地渴望自我实现，这种欲望只能通过内部驱动力影响来实现。这种驱动力可以使我们的人生变得更加有意义。

曾提出增强协作和持续改进工作流程可以提高生产效率的学者爱德华·戴明认为，欲望导致高绩效、高效率、高质量工作的内部驱动力无章可循且不可控。他还提出，人生来就有学习、工作、丰富经历和提升自我的需求。此言论明显更接近于Y理论类型。

教育学专家托马斯·阿姆斯特朗曾写道，即使是与注意力涣散和多动症的少年一起工作，使用内部影响的行为策略，也比用外部控制的策略要好得多。

爱德华·德西与理查德·弗拉斯特合著的《什么影响了我们的决定——懂得自我激励》一书中提到，根据相关调查显示，相比其外部驱动力，内部驱动力才是引导创造力、责任心、健康行为和持久改变的核心。内部驱动力是学习和教育成功的关键。这一点在《卡尔文和霍布斯》漫画中也有所体现，卡尔文对他的老师说："你可以给我提供知识，但你不能逼着我学会。"卡尔文是对的，没有人能强制另一个人学习。但是，年轻人却会被影响，然后自己选择学习。当今社会，促进学习和行为改善的最有效方式就是通过影响而不是强迫。简单来说就是 Y 理论比具有强制性的 X 理论更适合现代社会。

花几分钟，完成下面这些问题。每一道小题最下面的斜体字表示该题目运用到的本书中提到的一些原则，都与内部驱动力有关。有些还涉及后面章节的内容，我们也可以先大致有个了解。这个练习也是为了证明亚里士多德的一个理论，即快乐是所有行为最好的结果，因为它代表了内在的满足。内在的满足是无形的，它不会像外在奖励一样给我们的努力以物质上的奖励，但它却和外在奖励一样可以给我们带来满足感。

1. 上司给你安排了一个项目。下面哪句话是你希望听到的？

A. 你的团队成员已经安排好了。

B. 你可以自己选择团队成员。

· 选择权 ·

2. 你觉得下面哪一项更有利于自身发展？

A. 你的主管告诉你，你做错事了。

B. 你发现自己做错了事，但其他人都没说你做错了。

· 自我评估对自身持续发展会产生重要的影响 ·

3. 你在工作场所扔了一卷纸，正好被你的上司看到，你觉得下面两个选项，哪一项对你未来控制自己的行为更有帮助？

A. 你的上司命令你把纸捡起来。

B. 你的上司什么都没说，但你自觉地去把纸捡了起来。

·自我修正是改变陋习的最好方法·

4. 你注意到旁边有一个废纸篓翻了，下面哪种做法能给你更多满足感？

A. 被别人要求把废纸篓立起来。

B. 在没有任何人要求的情况下，你自己去把废纸篓扶正。

·内在驱动力引发的负责任行为更容易给人以满足感·

5. 你是一个青少年，你想在上学的晚上去找朋友玩儿，你希望你的父母对你说什么？

A. 不行，作业做完了才能去。

B. 当然可以，把作业完成了，你就可以去找小伙伴玩儿。

·积极的话语会比消极的话语更有建设性·

以上几个问题，如果你选择B，说明你主要是受两个变化的驱动力影响，而这两个驱动力都是内在的。第一个驱动力是“正直”，即内心总有一种“要做对的事情”的想法；第二种驱动力是“控制”，控制与选择有着密切的联系。一般来说，当一个人被剥夺了选择的权利，他也就失去了动力。

内部驱动力才是最能使人获得满足感的。曾经有一位女士给我写了一封信，信中讲述了这样一件事：

> 有一天，我在超市采购了一番。当我正准备把手推车里的物品搬出来，放进车里的时候，一个小青柠檬掉到了我手中。我付款的时候忘了把它拿出来，所以就没付这个小柠檬的钱。
>
> 其实这个小柠檬也不贵，1 美元 10 个，也就是说一个才 10 美分。发现这个小柠檬之后，我脑子里第一个蹦出的想法是，我可不愿意就为了这 10 美分再搬着东西走回去结账，这个超市也不会在乎这 10 美分的。然而，我还是从钱包里拿出了 10 美分，又回到超市，找了个离我最近的柜台，把小柠檬递给她，然后向她解释了一下事情的经过。她听完之后，对我说：“上帝保佑你，女士，你是一个诚实的人。”
>
> 我无法形容当时做了正确的选择后自己的心情如何，因为那是应该做的。但如果我当时没有支付那 10 美分，我事后一定会很后悔。

也许一个人的驱动力会与个人的品行、道德修养和性格息息相关，但在这里，我只是想让你理解被外部驱动力影响和被内部驱动力影响的区别。

关键点

- 事实上，所有驱动力都是来源于人本身的，我们只是用不同的术语表示不同的概念。
- 本书所讲的外部驱动力是指外部因素对人产生的影响。
- 本书所讲的内部驱动力是指内部因素对人产生的影响。
- 不论是受外部驱动力还是内部驱动力的影响，我们都会作出反应。

Part 1 小结

假设影响人的思维，进而会对人的情绪和压力水平产生影响。时刻关注自己作出的假设和了解思想与情感之间的关系，对缓解自身压力大有裨益。外部驱动力和内部驱动力会促使人们作出更负责任的决定，也对缓解压力有一定的帮助。

总 结

假设是想当然的信念。错误的假设会带来误解和伤害。意识到假设的存在可以有效缓解人们的压力。

一般来说，人们工作时，会做以下两种假设中的一种。第一种，是人需要被强迫，才能好好工作；第二种，是人们可以在被影响的情况下好好工作，而免受任何压力。前者受X理论指导，后者受Y理论指导。X理论指导下的假设会增加我们的压力，而Y理论指导下的假设则可以有效缓解我们的压力。

大脑和身体之间的联系非常紧密，以至于其中一个的变化总会不自觉地影响另一个一起变化。我们的思想直接影响我们的感受，而我们身体的健康状况也会反作用于我们的思想、感觉和压力水平。

驱动力有多种形式，以表现不同种类的驱动力对人产生的不同影响。内部驱动力是指那些受到人的内部因素影响而产生的驱动力，相反，外部驱动力是指外部因素对人产生的影响。

结 论

牢记以下三点可以帮我们有效减轻压力。第一点，我们要对自己作出的假设有所意识。第二点，明白思想会对我们的感觉和身体健康产生直接的影响。第三点，分辨我们的行为是受外部驱动力的影响还是受内部驱动力的影响。

我们越了解驱动力的来源，就越能有效地控制生活中的压力。原因很简单，那就是我们只能控制自己知道的事情。

Part 2

如何减轻压力

保持积极心态

坚定自主选择

反思成就人生

一个人选择要多快乐，他就有多快乐。

——亚伯拉罕·林肯

通过阅读第一部分的内容，我们了解到以下三点：第一，假设可以使人产生焦虑感；第二，情感会对我们的身体健康产生影响；第三，认识影响自己的驱动力都有哪些。下面，将介绍三种帮助我们更好掌控自己人生的方法。这些方法有助于我们改善与他人之间的关系，提高我们的存在感，能让我们的人生变得更美好。简而言之，这些方法能在帮我们减轻压力的同时，提高我们的幸福感。

方法一，时刻保持积极的心态。我们都知道，当心情好的时候，做事效率就会高，而心情不好的时候，不但效率低还很容易出错。“保持积极心态”这一章，将教会我们如何用积极的方式与自己和他人交流。我们还会更加清楚，为什么积极的态度比消极的态度更强大、更有效。

方法二，认清并捍卫自己的选择权。也许我们无法改变现实情况和外力因素的影响，但我们可以根据自身的想法和渴求，选择回应方式。也正是由于我们具有选择权，所以我们完全不用以被害者自居。简单来说，正如“坚定自主选择”所强调的那样，选择赋予我们权力。

方法三，要充分理解“反思成就人生”。反思对我们享受人生之旅至关重要，因为反思产生自我评价，而自我评价是自我改善的前提条件，也是幸福的基本要素。史蒂芬·科维在《高效能人士的7个习惯》一书中写道：“根据我的人生经历，我从没发现过有什么方法能解决所有问题，也从没遇到过有什么外在因素能一直给人带来幸福和成功。”

Chapter 4 保持积极心态

> 每个人都会跟其他人有一些小不同，但正是这些小不同造就了大不同。在这里说的小不同是“态度”，而大不同，就是积极或者消极的处事方法。
>
> ——W·克雷蒙特·斯通

不论是积极的还是消极的，我们的思维都会影响情绪。通过阅读本章内容，可以帮助你培养一种能够有效减轻压力、消除负面情绪的处事态度。

生命是一场对话。我们如何与自己对话，直接影响到我们生活的幸福程度。其原因就是，每天与我们交流最多的就是我们自己，我们对自己说了些什么直接关系到我们的行为、表现和对他人的影响。事实上，我们的思想和自我对话创造了我们的现实。很多学者曾表示，消极的思想会增加我们的心理、生理压力。而我们首先要学会如何把生命中的“酸柠檬”加工成好喝的“柠檬苏打水”，这种练习我们称之为“积极性”。

思想影响我们的情感

要想拥有成功的一生，最好的方法就是培养积极的心态。举个例子，假如我在地面上放了一块厚木板。这种情况下，几乎所有人都能轻而易举地从木板的一头走到另一头。但如果我把木板抬高 10 英尺，你觉得又有多少人能成功？我想，大部分人都不敢走或者不能成功地走过这个离地面 10 英尺高的木板。

为什么走过放在地上的木板对人们来说轻而易举，而当木板被抬高，人们就过不去了呢？最根本的原因是，当木板放在地上时，人们觉得很安全，自己有能力完成这项任务。而当木板被抬高时，人们就会对成功这件事情产生质疑。

人的心态很重要。你思考的方式、作出的设想和想象在很大程度上决定了你是什么样的人。就像老鹰可能也会觉得自己是只小鸡。故事是这样的：

> 一个小男孩，在父亲的农场旁边的山上玩耍时，发现了一个鹰巢。他捡起鹰巢里的蛋，放到农场母鸡的窝中。这只鹰蛋和鸡蛋被一起孵化，孵化出来的小鹰和小鸡一起在农场里成长。因此，小鹰很自然地以为自己就是只鸡。
>
> 后来有一天，老鹰飞过鸡舍。小鹰看着天上雄伟的老鹰飞得越来越高，突然灵感迸发，也想直冲上天。于是，这只年轻的小鹰一下飞到了鸡舍顶上，然后又从鸡舍顶起飞直冲到低矮山坡的顶部。随着信心的不断增加，它越飞越高。

我们的想法会直接影响到我们的感受，进而影响到我们的行动。先开始思考，随后才会有相应的感受。换句话说，我们的感受是思考的结果。例如，想象自己在面试时迟到的场景，仅仅是想象这个场景都会使我们感到焦虑。但有可能真的到了面试地点，你发现面试时间被推迟了，所以你并没有错过面试。注意，在这两种情况下，无论你是想象自己会迟到还是不会迟到，你作出反应之前都会首先萌生出想法，然后相应的情绪随之而来。

自我对话创造了我们的现实生活

马克·吐温晚年时曾说道："我是一个老人，知道很多的麻烦，但是大部分的麻烦都没有发生过。"

自我对话，不仅是对内部刺激的反应，也是受到外部刺激的影响后而作出的回应。我们的思想是内在的，但影响我们感官的刺激却是外在的。我们受视觉、听觉、触觉、味觉和嗅觉等多种因素影响。例如，看到电影中的离别场景会让我们感到伤心，听到别人不礼貌的叫喊会让我们感到愤怒。对于常喝咖啡的人来说，在早晨闻到咖啡的清香会让他们神清气爽。有时，仅仅是想象，就能激发出和实际事件一样的感觉，自我对话也同样可以。

亨利·大卫·梭罗曾经说过："你看什么并不重要，重要的是你看到了什么。"这里重要的一点是，我们只要意识到我们的无意识过滤系统，就可以发展积极的自我对话。

很多心理学家认为，消极的思想会在无形中增加我们的压力，如给事情“贴标签”或认为某些事情“没法管”。但是，既然我们有能力改变自己的思想，我们也有能力控制自己的情绪。神经学家发现，我们的思想可以改变大脑灰质的物理结构。换句话来说，大脑和我们的生理机能会因为我们思想的变化而改变。

很多人都喜欢把事情往坏的方面想。现在让我们回想一下我在第一章“假设”中举过的一个例子：

某天，已经下班了，但是上司让你去他办公室一趟，你此刻会怎么想?

我在世界各地演讲时，都会问听众们这个问题，大部分人给我的答复是：“我会想，是不是自己哪里做错了。”

事实上，我们会提前预想这次私下谈话一定是不好的事情。由于我们不知道跟上司的谈话内容是什么，这种消极的自我对话会在无形中增加我们的压力和焦虑，直到真正见面。

值得庆幸的是，自我对话不需要是消极的。在你进行自我对话时，只需要改变一个词，就可以改变你对这次会面的看法。我们来对比一下这两种自我对话：

A. 我必须见我的上司。

B. 我要去见我的上司。

我们要想透彻理解“必须”和“要去”的区别，可以把这两个词放在不同情景里面使用，会给我们不一样的感觉。可以先对比一下这几句话：

- 我必须去体育馆 / 我要去体育馆。
- 我晚上必须去见我亲家 / 我晚上要去见我亲家。
- 我必须参加家长会 / 我要去参加家长会。

当我们进行消极自我对话的时候，我们的行为也会受到影响。我们做事的效率会直线下降，甚至开始质疑自身的能力。这会导致我们觉得自己对自己的人生没有掌控权，我们的生活越来越不受控制。压力越大，我们就会更倾向于跟自己做消极的对话。这个循环会一直持续下去，直到最终我们通过自我对话，找到传说中“自我实现”的预言，就像下面这个故事中所描述的那样。

一个男人开着他兄弟的汽车在乡间小路上行驶，这时一个轮胎爆了。他看了看后备厢，并没有千斤顶，没法换胎，所以他决定去借一个。他下了车，沿着路往前走，希望能找到个房子，有人能帮忙。

天气又潮又热，他越走思想越消极，他想着：“万一他们的千斤顶不合适怎么办？或者即使千斤顶合适但他们不愿意借给我又怎么办？如果这附近住的人对我不友好怎么办？”走着走着，终于见到了一个房子，他敲了敲门，房子的女主人刚打开门，他就马上说道："留着你的破千斤顶吧！"

当我们选择赋予我们力量的想法而不是选择那些会对我们有所束缚的想法的时候，我们会变得更快乐，做事更高效。猴子都知道吃香蕉的时候只吃里面的果肉，把果皮丢掉。而我们人类有时候却不知道抛弃那些对我们产生负面影响的情绪，如批判、尴尬、嘲笑等。我们常常只"品尝了果皮的苦涩"，而并没有摄取有营养的"果肉"。

贴标签

贴标签这个话题是在与著名的精神病学家、医学博士威廉·格拉瑟的一次午餐谈话中想到的，威廉·格拉瑟博士是《现实疗法和选择理论》的作者。当时，格拉瑟博士向我提了这样一个问题："在棒球比赛中，什么时候说出局才算真的出局？"他顿了顿接着说，"只有裁判喊'出局'的时候才算真正的出局，在那之前，都不算出局。"

那场对话对我的思想和行动都产生了重要的影响。首先我意识到，只有当我给别人的观点贴上"错误"的标签时，他们的观点才是错误的。由此，我发现"多样性"这个词对我来说有了新的含义。我开始用更加开放的态度去倾听别人的话，并且变得更容易认同别人的观点。以前，我妻子和女儿的观点总是跟我的不同，我渐渐地也开始在不同的事情上理解她们的看法。我变得更加开明。因为我在不断成长，拓展自我认知。我变成了一个高效的学习者和倾听者。

那场对话对我产生的第二个影响就是，它改变了我每天处理事情的方式。我开始意识到，糟糕的情况之所以糟糕是因为我把它想得就很糟。我可以通过我的思考方式来减轻自身压力。例如，你可以将一件麻烦的事情看作对自己的挑战。我还发现我对问题的看法会影响到我对事情的反应态度，进而直接影响到事情的结果。

如果我觉得某件事非常糟糕，或者不可避免地会变得非常糟糕。我可以试着把这件事情看作一项挑战，这样我就不会把自己当作被害者。反而，我会感觉自己对事情有了更多的掌控权。我发现在做决定的时候，把所有自己能做的选择都考虑一下是非常好的事情。我学会万事看好的一面，摆脱恐惧的支配。我发现如果我经常被恐惧支配而对什么事情都畏畏缩缩，那我可能永远也不知道我能变得多成功。

推　论

推论是当人们面对未知事物时的一种态度和看法。例如，当我们的朋友用拳头砸桌子，嘴里不停咒骂，或往门上扔盘子时，我们就会推断这个朋友现在很生气；如果一个陌生人迎面拿着刀子冲我这边走来，我会觉得他是想伤害我。推论可能是正确的也可能是不正确的，可能是符合逻辑的也可能并不符合逻辑，可能是公正的也可能是不公正的。在很多情况下，推论与假设没有太大的区别，它们的区别由所遇到的情况决定。

推论能够帮助我们做决定以及衡量各种决定的影响。然而，推论也能导致消极的思想、恐惧和焦虑情绪的产生。在我小的时候，曾经从马上仰面朝天地摔下来过。摔下来的那一刻，我感觉肺部的空气仿佛被抽空，根本无法呼吸。我可以推想，我下次骑马的时候，也会发生同样的事情。但我却没有那样做推论，我决定重新骑上马背，因为如果不那样做的话，我永远也克服不了自己的恐惧。从那之后，我经常去骑马，而且我觉得骑马真是一件非常棒的事情。我不希望自己因为曾经从马上摔下来过，就觉得之后也会碰到同样糟糕的事情。

要想真正了解推论，最关键的是你要知道，当你认为自己是“万事通”或者认为自己知道“真相”是什么的时候，你是一定不会成功的。

积极有益，消极无益

我们的思考方式和说话方式源于习惯。如果自我对话是消极的，我们就会以一种消极的态度与他人交流。打个比方，即使是业绩最差的销售员也知道要尽量满足顾客的需求。但是，我们有时候受到自身情绪的影响，会忽略掉这个常识性的问题，然后以消极的态度与别人交流。其实，在你与他人交流时是否抱着消极的态度这一点是很容易被发现的。当你说的话中带有责备、抱怨、批评、唠叨、惩罚和恐吓等语气时，你就是在用消极的态度。

消极的思考方式会对我们产生长久持续的负面影响。也许只是一两句刻薄的话，就能让一个人永远记住。马克·吐温曾经说过："我可以因为一个好的评论开心两个月。"

积极的思考方式在给我们带来勇气的同时，还能使我们的精神得到升华。当我们面对挑战的时候，运用积极的思考方式可以增强我们的自信心。积极的态度给我们的生活带来希望，让我们能感受到自己是有价值且被尊重的。积极的思考方式能够激发我们的热情，提升我们的能力，使我们感到骄傲，并且会让我们更加勇于承担责任，而这些都是消极的态度无法做到的。还有值得提及的一点就是，在你与他人交流的过程中，运用积极的态度不会使他人对你产生防御心理，反而可以更有效地说服对方，让对方更积极地去尝试改变。所以，当你想让别人采纳你的意见时，你就需要多多注意与他人交流时所采用的态度了。

没有任何一种暗示会比自我暗示更有效。自我暗示能够帮助我们改变消极的思考方式和说话方式。当你觉得自己有消极想法的时候，为了改变自己的想法，你要默默地告诉自己："转向！"并且训练你的大脑对指令作出相应的回应。由此，你会发现，当你用积极的方式对待问题时是可以消除自身消极情绪的。

生活中经常问问自己："如何能够以一种积极的态度表达我的

观点呢？”例如，说“我脾气不好”，是个缺点，然而，你可以给自己暗示“控制自己的脾气对我自身有帮助”，然后不断反思自我、提升自我。

你的思想是积极的、有益的，你自身也会感到幸福和充实。自我价值是无形的，其形成的原因和产生的影响，很大程度上取决于选择的思想。与其采用压制和削弱的心理，还不如采用拓宽和强化的心理。

经典作品《人性的弱点》的作者戴尔·卡耐基，曾在广播节目中简述了他人生中学到的最重要的一课：

> 我学到的最重要的一课就是一个人的思想是多么的重要。一个人的思想造就了这个人。通过转变我们的想法，我们能够改变自己的一生。
>
> 如果我们总想好事，我们就会变得开心。如果我们总想令人痛苦的事情，我们的生活就会变得苦不堪言。如果我们总想恐怖的事情，我们的生活就会充满恐惧。如果我们总想令人恶心的事情，我们的生活就会变得病态。如果我们总想着失败，我们可能就会失败。如果我们陷入自怨自艾的漩涡，我们周围的人就会躲着我们、远离我们。你以为我是倡导面对一切问题时都要盲目乐观吗？不，生活远没有那么简单，但是我依然强烈倡导要用积极的态度处事。

避免使用消极语言

“不”是一个表现消极态度的词语，总是会引起抗拒心理。“不”不意味着灵活和妥协，它含有命令的语气，是威严的、尖刻的，给人一种不情愿的感觉。把“不”换成“还没有”，后者没有“不”所包含的消极意味，因此也不会引起他人的抗拒心理。

想象一下，你到了一家餐厅，这里不接受预约，大厅里坐满了等待就餐的人。老板对你说：

A. 我们这儿现在没有空位，您大概需要等 30 分钟左右。

B. 仅需 30 分钟，我们将带您入座完美的餐桌。

虽然两种说法表达的意思一样，但是当你听到第二种说法时，你会更愿意在大厅等待就餐。

描绘积极画面

如果你想减轻自己的压力，就试着去描绘积极的画面吧。当你开始思考你想要什么，而不是想着你不想要什么的时候，操作起来就容易了。它只需要你在自己的脑海中绘制积极的精神画面。大脑是用画面来进行思考的，而不是文字。花时间想一想你最近一次做的梦。你的梦是以文字形式出现的，还是以假想、幻想、影像或图片形式出现的呢？了解大脑是通过形成图片来进行信息加工的之后，可以有效帮助我们实现自我提升。成功取决于你大脑中为自己和他人绘制出来的画面。

人的大脑不仅会思考来自视觉的信息，而且很容易受到他人建议的影响。这一刻，不要想一只脖子上带着红色蝴蝶结的可爱小白猫。现在不要想一头满身粉色斑点灰色皮肤的大象。不要想蓝色。你脑中想到了什么？现在，尝试想象“不要”，你做得到吗？

接下来这个例子还是介绍我们所创造的这些幻象之间的联系，不仅为了我们自己，也是为了他人。一个小男孩儿，虽然没有什么生理上的问题，但依旧在尿床。晚上，小男孩儿的父亲给他盖好被子后说：“好了，今晚别再尿床了。”你觉得小男孩儿睡着之后大脑会做何反应？我把这件事告诉了一群家长，学校里一位年轻的督学联系我说，他在他三岁的儿子身上试验了一下，结果他儿子还是尿床了。所以我们要注意，一幅积极的画面要如何绘制才能起到作用？

> 在让我儿子上床睡觉之前，我跟往常一样，先带他去了趟厕所。然后，他上床躺好，我给他盖了盖被子，亲了亲他，跟他说了晚安。最后，我跟他说：“让我们看看今晚床能不能是干的。”第二天早晨，他一醒就跑来找我，说道：“看啊，爸爸，看，我的床是干的！”

一个银行家把一枚硬币扔进了乞丐的杯子里的故事，进一步说明了“绘制图画”的意义。

> 每天早晨，银行家都会拿起乞丐的一支铅笔，说：“你是一个商人，我希望能从跟我做生意的商人那里得到质量上乘的产品。”
>
> 这种日常持续了一段时间，有一天，街头的乞丐不见了。时间一天天过去，银行家慢慢忘了那个乞丐。
>
> 多年后，银行家路过一家小商店，商店的店主就是当年那个乞丐！商店店主说：“我一直希望有一天您能来我的小店。我今天能成为店主，很大程度上是受到了您的帮助。我一直对自己说，我是个商人。我开始把自己往商人那方面想，而不是一个只会伸手要饭的乞丐。我最开始卖铅笔，很多很多铅笔，然后现在我有了自己的小事业。非常感谢您当年没有因为我的身份而看不起我，是您帮助我改变了看自己的方式。”

安德鲁·卡内基，美国最伟大的实业家，很多百万富翁都曾在他手下工作过。一位记者问他是如何雇用那么多百万富翁为他工作的。他的回答是，他雇用那些人的时候，他们还不是百万富翁。卡内基强调，挖掘人才就跟挖掘金子一样。他说：“你走进一个矿场，希望能把几吨几吨的土铲开，挖出金矿。但是你不是去矿场找泥土的，你是去找金子的。”

美国全国演讲者协会（National Speakers Association）前

会长艾德·斯坎内尔（Ed Scannell），在亚利桑那州立大学（Arizona State University）教授零售业课程。每年夏天，最优秀的零售商J.C.彭尼都会住在卡米贝克酒店，为艾德的零售课做讲座。有一次，一位学生问彭尼先生是否觉得自己的事业会受年事已高、视力下降所影响。J.C.彭尼回答道："虽然我的实力不如以前好了，但是我的眼界依旧宽广。"

一家糖果店，一位女售货员面前的顾客排很长的队，而其他售货员却无所事事。店长发现她特别受顾客喜爱，就问她秘诀是什么，她说："其实很简单，别的同事在为顾客称糖果的时候，总是先铲起一磅多，然后再从袋子中铲去一点儿。而我在帮客人称糖果的时候，会先铲起少于一磅的糖果，然后再往袋子里加。"人就像磁铁，会被正向的事情所吸引，而排斥逆向的事情。这不仅是你用以了解与他人合作的一个重要原则，同时还可以减轻你自己的压力。那些对他人有影响力的人就精通于用积极的措辞与他人沟通。

描绘积极的画面，以积极的方式考虑问题，在与自己对话或者与他人对话中都使用积极的词汇，是无压力生活三种练习的第一个。

关键点

- 积极的心态是有益的，也是强大的。
- 思想与情感有直接相关性。
- 自我对话创造了我们的现实。
- 言语影响我们的压力水平。
- 描绘积极的画面。

Chapter 5 坚定自主选择

任何事情都可以被取缔，但只有一件事不行，那就是在任何情况下都要明确自己的态度。

——维克多·弗兰克尔

感觉事情失去控制，是人们产生压力的一大关键因素。这一章主要讲述如何通过选择，来减轻你生活中的压力。

“选择—反应”思维可分为范式转换、元认知或“创新思维”。本质上，这是一个关于人类行为和控制在思维上的完全转变。“选择—反应”思维是最有价值的思维方式之一。人们可以用这种思维方式来减轻压力、改善个人和职场生活。我们应该明白，在任何情况下，不管受到什么刺激和影响，我们都有机会保持冷静，因为我们有选择应对方式的自由和能力。

“选择—反应”思维

情　况

下面这个故事是我的亲身经历，我很乐于分享给大家：

> 我舒服地坐在飞机座位上，这架飞机即将飞往加利福尼亚。我刚开始看书，就听见机长广播说飞机将要延迟 2 小时起飞，原因是洛杉矶国际机场起了大雾。我又看了几分钟书，突然发现自己成了少数没有下飞机的乘客之一。即使是本好书，2 小时的候机时间加上 3 小时飞行时间，一直在座位上坐着也太久了。我放下手中的资料，把已经放在上面储物箱里的东西拿下来，然后回到机场候机楼。闲逛和购物了半个小时后，我突然想到，如果洛杉矶的雾散了，飞机可能会提前起飞。我马上返回登机口，结果眼睁睁地看着飞机带着我的外套、我的材料和我的行李箱，飞走了。

事实上，这种情况我是完全可以避免的。我如果当时没有去闲逛或者就跟其他乘客一样在登机口等候，也许就不会错过我的飞机。虽然那时我已经改变不了当时的情况，但是我却能选择自己的应对方式，生气是没有用的。我查看了飞机航班，定了最近一趟飞往洛杉矶的飞机，然后向服务中心告知了我的物品在那架飞走的飞机上。当我到达洛杉矶的时候，我找到了我的大衣、我的材料和我的行李箱，我感到非常放松，因为在这件事情上，我选择了合理的处理方式。

不管是暂时的还是永久的，我们都经历过一些无法控制的情形。比如，我们无法控制天气，无法控制大自然的力量，有时候还会遇到不方便的事情，被指派做不喜欢的工作，家庭和工作关系都不顺利等，很多事情都是我们控制不了的。然而，我们总是可以选择我们应对这些情况的方式。

幸存于纳粹死亡集中营的精神病学家维克多·弗兰克尔（Victor Frankl）就经历了他无法控制的事情。然而，他教导人们，每个人都有能力选择自己的思考方式，思想是独立的，即使在经受最可怕的精神和身体压力的情况下，人们也可以决定自己的思想。尽管受诸如睡眠不足、食物不足和各种精神压力之类的影响，集中营的俘虏必定会以某种方式作出反应，但归根结底，很明显，俘虏变成什么样的人是由他们内心所决定的结果，而不仅仅是集中营影响的结果。即使在如此极端的环境下，弗兰克尔还是说道："人们仍然有一种自由，人类的最后一种自由——在任何特定环境下选择自己的态度，选择自己要走的道路。"

刺　激

我们既然已经知道了在任何情况下我们都有选择的自由，那应该也能明白，当受到一些事情刺激的时候，我们也可以选择自己的应对方式。当父母对着自己的宝宝笑，宝宝也会笑起来。这种刺激随着人们年龄的增长，效果会越来越不明显。当父母对着自己已长成青少年的孩子笑，他们的孩子可能就不会以同样的面部表情作为回应了。

在本书的第二章“思维与行为”中，我们知道了当听到电话铃响，我们会下意识地接起电话；当听到门铃响，我们会去看看是谁在门外；当看到红灯，我们会马上停车。我们的这些行为都是受到刺激源的影响。当再次回忆这些情景的时候，我们会发现，没有任何事情指挥人们去这样做，但是人们却很自然地作出这样的行为。不管是有意识的还是无意识的，我们选择了对刺激源的回应方式。通过推断，如果这个行为是受外界强迫或者受他人要求才作出的反应，那么伤害就来了。

一场手术正在进行中，主刀医生让护士把一个特定工具递给他，护士是一位非常能干的人，然而就因为她递给医生工具所花的时间比医生所期待的晚了一点点，这位缺乏社交能力的天才医生就转向护士，大声指责了她。不用说，这位护士肯定一天都不太高兴。手术结束后，她一直在为这个医生的行为而感到委屈、愤怒，回家的路上她还一直在想这个糟糕的事情。到了家她跟自己的丈夫哭诉，丈夫问她这件事情是什么时候发生的，她说大概早晨 9 点，接着她丈夫问道：“现在几点了？”护士回答：“晚上 7 点。”丈夫说道：“你是在告诉我，你还在为一件 10 小时前发生的事情生气！”

这位护士最初的想法就是，那位医生的所作所为让她非常生气。很明显，医生的行为刺激到了护士，但这并不是她如此反应的原因。护士后来仔细想了想，决定再也不会让那个医生影响自己的情绪。

在生活中，我们总会遇上一些让我们压力倍增的事情，但是我们不能让这些事情控制我们。举一个跟我们日常生活很贴近的例子，假设你在开车时遇到了堵车，但此刻你要去赴一个非常重要的约会，随着时间一分一秒地过去，你发现自己变得越来越焦躁，不断在心里对自己说："这个堵车太让我生气了！"但事实上，"堵车"只是一个事件，它没有任何情感，所以你再怎么生气，它也不会在乎。所以，让你变得越来越生气的是你自己。这只是一种刺激和激发情绪的情况。

即使在受到刺激后，人们也可以马上决定自己作何反应。就像堵车这个例子，你可以选择打开收音机，回忆一件愉快的事情，播放一张 CD，或者做点其他能让你转移注意力的事情。愤怒的情绪之所以会消散，是因为情绪是由个人认知指导产生的，这也是这本书一直在强调的事情。不管你遇到的情况有多么糟糕，你总有选择自己行为的能力。

需 求

当面对非常迫切的情况时，我们依然是有自由选择的权力的。婴儿之所以需要大人给他们换尿布，是因为他们年龄太小还无法控制自己的生理本能。但随着年龄的增长，也就不需要尿不湿的帮助了，因为人长大之后就可以控制自己的生理本能了。同样的道理，也适用于情感冲动。

不管情况如何，是受刺激影响还是受冲动影响，人们都有选择自己回应方式的能力。如果我们连选择的权利都没有，那就说明我们是被强迫的。加州大学洛杉矶分校（UCLA）精神病学家杰弗里·施密特（Jeffry Schmitt）提出，人之所以比老鼠和猴子更有魅力，是因为人类不需要每次都屈服于我们的情绪。我们越不屈服于我们的情绪，就越不会被专横的偏执所困扰。

下面是对“选择—反应”思维的总结：

“选择—反应”思维需要彻底的思想转换。当我们明白在任何情况下，在任何刺激或本能冲动的影响下，我们都有机会选择自己的应对方式，而不是再为自己的行为找借口时，我们就会变得有责任感。这种思维模式可以算作最有价值的思维模式之一，我们可以通过运用它来减少压力，改善我们的个人生活和职业生涯。

因为我们有选择自己回应方式的自由和能力，接下来很重要的一点就是，我们要对自己的选择负责。明白了这一点，就明白了为什么自我控制是被很多人所提倡的，它让我们有一种摆脱束缚的感觉，也不会感觉到无助和受到伤害了。

受害者式思维

受害者式思维方式会阻碍我们的控制能力。比如，在这种思维方式下的人常说的话就是，“这件事是他让我干的”“我没法控制我自己”“我也没办法”，或者“他说的话惹怒我了”。我们需要意识到，这样的想法显示的是放弃了自我控制的权利。

想象这种情景，你回到学校，拿到了自己的数学试卷，然后看到上面好多题都写着“错”，这时你自己可能会默默地想：

A. 我觉得我可能就是没有学数学的脑子吧。

B. 我想我需要花更多时间学习数学。

在第一个例证中，你发现了自己的不足，发现了自己对其无能为力。然后在自我对话的时候，你就表现出消极、放弃和不想再尝试的态度。而在第二个例证中，你的态度很积极，虽然你知道数学是你的弱项，但是你还是有改变这种情况的能力，并且愿意去尝试努力。积极思想和消极思想的区别在于控制感的不同，而控制感取决于你作出的选择。当我们相信自己有选择能力的时候，我们就会拥有一个健康的心态。

对选择权价值的研究可以证实以上观点。当我们保持积极的心态并且有控制权的时候，我们的大脑会生成不同的化学物质。选择、控制和责任三者之间联系紧密，其中任何一个变化都会对其他两个产生影响。当你作出选择，控制力就加强；不做选择，控制力就减弱。我们越是选择承担责任，就越能获得更多的控制权；而当我们不想承担任何责任时，我们就会失去控制权。

那些认为自己是受害者的人总觉得生活不受自己控制，常常觉得这世界对他们格外不公平。不管他们遇到什么事情，都会觉得是针对他们的，就好像他们对自己的反应别无选择一样。大部分有着受害者式思维的人总是很愤怒，而且他们不能让自己变得快乐，因为变开心就意味着不再把自己当成受害者。要强调的一点是：

语言塑造了我们的思维，尤其是在自我对话的时候。

有意识地控制内心的交流就像一根魔杖，可以有效强化我们的精神状态。那些觉得自己是受害者的人之所以这样想，是因为他们选择回应方式的时候会更多受外部因素影响，而不是靠自己内心的想法。他们总是觉得，“都是别人的错”“我是因为受别人影响所以才会这么做的，所以这不是我的问题”，然后觉得“我才是受害者”。事实上，我们可以通过正面的方式来进行自我对话。比如，用“……对我有帮助”“……可以激励我”，比用“……使我”“……让我”要好得多。除此之外，还可以用一些减少“受害者”思维和增强能力的词，如“影响”“说服”“引起”“惹恼”“生气”和“激怒”。但是这些词不能带给我们力量，它们只能用于描述对自己的影响。

还有一个可以减少我们无力感的方式，那就是把自己话语中的形容词换成动词。就像“我在生气”和“我很生气”两句话就是有区别的。当我们把自身的经历用动作型语言方式描述出来时，我们马上就能发现，原来自己正在做选择。

我们与其总是想“这个任务是非常困难的”，还不如改变自己的思维方式。去掉“非常”这个词，然后用“挑战”代替“困难”。这样一来，这项任务对我们来说只是个“挑战”，就没那么“难”了。你觉得用这种简单的方式是不是可以更好地增强自己的信心和能力呢？

另一个更加敏感的词语就是“尽量”。例如，你对同你一起工作的人说：“尽量多帮点忙吧。”别人可能会多帮忙也可能不会。比较起来，让一个人多做些事，就是在暗示这个人将要按照要求办事，而“尽量”只表示试一试的意思。而自我对话应该带有承诺的意思。没有尝试起床只有起床这个行为，没有尝试打电话而只有打电话这个行为。我们起床，我们打电话，这种自我对话才能给人们的生活带来成功。正如亨利·福特所说的：“如果你认为你能做到，你就能做到；如果你认为你做不到，那你就做不到。但不管你怎么想，你都是对的。”

其实不管发生什么事，我们都没有必要感到绝望、无力，或者把自己当作受害者。我们应该以一种鼓励的方式善待自己，并且学会控制自己的情绪，使自己不受任何情况、刺激和内在情绪的掌控。当我们可以控制自己的决定时，压力自然而然就减轻了。

关键点

- 不管是有意识的还是无意识的，我们总是不停地在做选择。
- 不管是受情况、刺激还是冲动的影响，我们都可以选择自己的应对方式。
- 受害者式思维是一种选择。
- 只有生命结束，选择才会结束。

Chapter 6 反思成就人生

学习不是被强制的，生存也不是。

——W·爱德华·戴明

现在你已经可以有意识地用积极的方式进行自我对话了，并且对自己的选择也有了一定的认识。现在我们学习第三个减轻压力的有效方式，那就是反思，这种方式可以有效强化前两种方式。反思是改变的关键要素，也是减轻压力、提升幸福感的关键要素。它的关键性就像当你在进食的时候必须经过咀嚼而不能直接吞咽一样。食物是美味的，但是如果不能消化的话，其中的营养就不能被我们的身体吸收。事实上，没有人会从实践中学习，而我们是通过对实践进行反思而促进学习的。人的大脑是一个“寻求意义”的器官，因为我们接触的事情发生得太快，需要一定时间来处理信息，以理解其中的意义。此外，在我们意识到信息之后，大脑会继续处理信息。这就是为什么我们的许多想法感觉是“突然冒出来”的。

反思的关键是提出自我反思问题的技巧。掌握提问题的技巧，不仅能让反思效果倍增，还能有效减轻人们的压力，帮助人们改善与他人之间的关系。事实上，提出的问题比答案要重要很多。

反思和评估性问题

下面这个故事可以很好地说明自我评估的重要性。

> 两姐妹关系一直很好，直到有一天，她们起了争执。那天，姐姐在厨房洗盘子，妹妹走进厨房，拿起了水果篮里最后一个橘子。姐姐看到后说道：“等等，这个橘子是我的。”妹妹说：“那不好意思，我现在拿着就是我的了。”她们你一句我一句地争吵起来。为了不再争吵下去，姐姐提出了一个解决方案：把橘子分成两半，一人一半。这虽然是一个相对公平的好方法，但其实两姐妹谁都不满足。在把橘子分成两半之前，姐姐问妹妹为什么想要这个橘子。妹妹说：“我想用它来榨汁喝。”然后妹妹又反问姐姐为什么要跟她抢这个橘子，姐姐说：“我想把橘子皮磨碎做烘焙。”这时候，这对姐妹发现，原来两个人可以各取所需。通过对话，通过问询，两个姐妹都得到了自己想要的那部分，比之前达成的协议更加完美。

英语中“问题”一词源于拉丁语“quaestio”，有“去寻找”的含义。正是先提出问题，需要去寻找正确答案，才产生了思考。提出问题看起来很简单，但是如果想问出那些能够有效减压的反思性问题，就需要一定的技巧了。反思性问题其实对我们自身而言是有益的，因为它可以帮助我们理清思路。当然，反思性问题是有风险的，我们需要考虑下面这些问题能为我们带来的积极影响：

- 我怎样才能更好地回应此事？
- 我能做些什么来完成这个任务？
- 如果我知道我不会失败，我会怎么做？
- 我怎样才能防止这种冲动影响我的行为呢？
- 面对这种情况，最好的解决方法是什么？
- 如果我要付出全部的努力，我会怎么做？

这类问题能有效减轻我们自身的压力，因为在思考这些问题的时候，我们会明显感觉到自己是有能力控制事情的。

如果我们试图影响他人，那么提问是获得和理解对方看法和观点的一种快捷方式。通过问他人反思性问题，可以加强对方对自身观点的认可。其实原理很简单，那就是人们通常不会自我否定。

物主身份是自我评估和改变的重要组成部分。“心理学家悖论”适用于此。一位病人去看心理医生，从第一个疗程开始，心理医生就十分清楚这个病人的问题所在。如果心理医生最开始就告诉病人他有什么问题，那么治疗成效肯定不会很好。但如果病人自己发现问题，并找到应对问题的方式，即使疗程很漫长，最终的成效也会是非常显著的。

如果我对现在经手的一个项目的运行情况不满意，或者我对自己所做的演讲不满意，又或者我做的事或说的话让妻子不开心了，那么我就会问自己：从这些事情中，我得到了什么教训？

反思性问题的提出可以为我们带来以下好处：

- 能直接影响我们的思想。
- 可以帮助我们认清事情的本质和联系。
- 既鼓励创新，也鼓励参与。

反思性问题有以下特点：

- 是根据具体情况设计产生的。
- 更关注现在和未来，而不是过去。
- 是开放性的问题，回答的时候不能只回答“是”或者“不是”。
- 通常更在乎事情发生后的处理方式，而很少会问事情“为什么”会发生。

以下具有自我询问和自我反省功能的“封闭型”问题（可以只回答“是”或“不是”）也属于反思性问题：

- 我是不是能做得更好？（如果回答“是”请继续回答如何做得更好。）
- 我所做的事情有成效吗？（如果没有，那么为什么没有？我当时可以选择什么样的做法来改变这个结果？）
- 我是不是承担了应尽的责任？
- 我做的事情是不是最终达到了我的预期？
- 我是不是可以尝试用其他做法来完成这件事情呢？

下面是特殊情况下如何提出反思性问题的一些例子：

当你想要有所改变的时候，以下问题是必问的：
- 我想要什么？
- 我选择做什么？

如果我选择做的事情并没有达到我的期望，那么：
- 我的计划是什么？
- 要实施我的计划需要哪些步骤？

当你有任务需要完成时，以下问题可以帮助到你：

- 在这项任务中，如何发挥我的优势？
- 如果我想继续工作，那么我应该做些什么？
- 我所做的事情，对完成这项任务有帮助吗？

关于承诺的一些问题：

- 我应该做些什么才能遵守承诺？
- 如果分数为 1~10，那么我能为自己的承诺打几分？
- 在任何情况下，我都能守住自己的承诺吗？

关于提升质量的一些问题：

- 事情看起来情况如何？
- 如果可以的话，我还想在哪方面进行改进？
- 如果没有上限，那我怎样才能做得更好？

改变习惯最好的方式，就是用新习惯替代旧习惯。因此，当你习惯性地进行自我对话的时候，要想一想："如果我事前多问些问题，最终效率会不会更高？"它的有效性会让你大吃一惊。

有效的反思性问题会引发思考，而问题也不是一定要以问号结尾的。例如，"请给我描述一下……"就是一个有效的阐明性问题。

坑　槽

再强调一下，高品质答案的前提是高品质的问题，这点很重要，我们需要铭记于心。不要总是问“为什么”这类问题。很多时候你可能并不知道或者并不想承认引发你动机的真正原因。此外，这类问题给了你逃避问题的捷径。你所需要做的就是找一个借口，然后拒绝承担责任。还有就是，即使知道“为什么”，想要解释清楚也是一件困难的事。总之，问“为什么”对解决问题的作用微乎其微。就如同知道你为什么生气，但并不能解决你受情绪控制的事实一样。探索事情发生的原因很有趣，但是对改变个人行为所起的作用十分有限。

把提问当作减压器

不管练习什么技能，在采取行动前，我们都会做一定的准备。在挥动高尔夫球杆前，我们会以一种特定的方式握杆；在开始演奏乐器前，我们会找好自己的演奏位置；在开车前，我们会系上安全带。当你在问反思性问题的时候也是如此，在提问前我们可以先深呼吸，这个简单的动作可以帮助我们稳定情绪，问出适宜的问题。当我们提出的问题具有自我评估和反思的特性时，我们自身的压力就可以很好的得到舒缓。

技　能

不管是什么技能，最开始接触时，你一定会觉得不太适应，当你不断地练习提问反思性问题，你就会越来越适应，也会越来越自信，做事情会更加有效率。另外，即使你使用这个策略的频率非常高，它的效果也不会受到分毫影响，因为这个策略是非强制性的，可以帮助你获得对事情的掌控权。

练习这个技能时不能只靠思考。虽然说思考是必要的，但是只有当你问出反思性问题的时候，你才真正使用了这个技能。

> 弟子问智者：“您是如何掌握一项技能的呢？”智者回答道：“靠经验。”弟子接着问：“那经验是如何获得的呢？”智者回答：“通过问很多没水准的问题。”

问每一个问题都是学习的过程，如果得到的答案不是你所期望的，你应该将其当作经验教训，而不是失败。这个方法不仅仅适用于个人和个人的经历，还适用于各种人际交往，如社交、做生意、育儿、教育等。

反思性问题应关注未来，因为过去是无法改变的，而今天对于明天来说是我们梦寐以求的昨天。我们应该活在当下，为未来做计划，帮助自己减轻压力。

关键点

- 反思是学习减轻压力的好方法。
- 有一种技能是你可以掌握的，那就是问自己反思性问题。
- 答案的质量取决于问题的质量。
- 常问自己反思性的问题是至关重要的。
- 常问“怎么”和“如何”，而不要总纠结于“为什么”。
- 关注一个问题的当下和未来，而不要总纠结于已经过去的事。

Part 2　小结

一队科学家在执行捕捉东京扁鼻猴的任务，这种珍稀动物全世界现存只有一二百只，而且它们只生活在越南的丛林中。这次任务的目标是在不伤害它们的情况下，抓住一只活的东京扁鼻猴。

通过对猴子的了解，科学家们设计了一个陷阱，陷阱包括一个细长瓶颈的小瓶子。他们在小瓶子里装了一把坚果，接着用细电线把瓶子固定在树上。果然，一只猴子发现了瓶子里的坚果，把胳膊顺着细长的瓶颈伸进瓶子，抓了一把坚果。但当猴子想把拿着坚果的手掏出来的时候，它却发现，因为手里拿着坚果，所以拳头变大了，手拿着坚果是出不来的。它的手被卡在瓶子里，无法拿着战利品逃脱，但又不愿放开。这只扁鼻猴就这样被抓住了。

我们也许会嘲笑扁鼻猴实在是太傻了，但事实上，人往往也会做相同的行为。我们紧紧抓住那些阻碍我们前进的东西，因为不愿放手而被困住。所以人们经常因为不愿放弃一些事情而失败，事后才发现，早早放弃才是上策。

总 结

将积极、选择和反思的原则运用到现实中，可以在减少压力的同时，帮助我们改善人际关系。良好的人际关系是取得更大成就的必要因素。

消极的评论会使人们产生消极的看法，积极的评论会使人们产生积极的看法。在与他人沟通时，运用积极的措辞，可以有效减轻压力。积极为我们的生活带来希望。另外，积极的态度可以让我们觉得自己的人生更有价值，有利于提升我们的积极性，给我们一种被支持、被尊重、被激励的感受。在面对挑战时，我们会更有信心，并且会为自己感到自豪。

不管是有意识的还是无意识的，在任何场景、任何刺激下，人们都有能力有权力选择自己的应对方式和态度。“选择—反应”思维就是在告诉我们，我们可以通过控制练习，而避免成为受害者，“选择—反应”思维是我们可以采用的最有价值的思维模式之一。

反思是应对压力最有效的方式，通过反思人们可以进行自我评估，进而促使人们进行改变。反思具有非强制性和有效性。而如果想要问出高效的自我评估问题，不断练习是必需的。

结 论

不断练习这三种方法，让它们成为你的生活习惯，可以有效减轻压力，帮助你更好地享受人生。这种思维方式可能会要求你放弃自己已经使用多年的无效方法。最初实施这三个方法的时候，你可能会感觉困难重重。但随着你不断地练习，当你的大脑建立了新的神经联系，形成新的习惯的时候，你就会倍感轻松。现在就去做吧，不足之处可以之后再去改进。

Part 3

减轻压力的方法

制定程序

控制冲动情绪

了解自身优势

制定程序是提升效率的关键。

——马文·马歇尔

当积极的心态、自主的选择、习惯性的反思已成为我们的日常，我们将行驶在无压力的快车道上。本部分将介绍三种减轻压力的方法，在我们遇到特殊情况的时候，可以帮助我们解决问题。

第一种方法就是制定程序，这是预防压力最简单有效的方法。应该意识到，我们的生活一直受我们做事程序的影响。而关键在于，我们要格外注意这些影响，以便更好地掌控生活。详细内容将在第七章“制定程序”中介绍。

第二种方法我们称其为冲动控制。当你学习和掌握了冲动控制，它将比任何其他方法都更能帮助你保持冷静。这个方法可以帮助我们在情绪不受控制或情绪波动较大之前进行干预。如何进行冲动控制将在第八章“控制冲动情绪”中进行介绍，帮助你减轻自身压力和烦恼。

第三种方法是将在第九章中介绍的“了解自身优势”，学习方式与认识自我、了解自我和了解他人有关。当我们更好地了解适合自己的学习方式之后，挫折感会随着我们压力的减少而降低。

Chapter 7 制定程序

制定程序是预防压力最简单有效的方法之一。

——马文·马歇尔

我曾经在电梯中听到过一句非常有见地的话。那天，我正好坐电梯要去参加一个会议，跟我同乘电梯的人说道：“我们通过制定程序来安排我们的生活。”这句话让我马上想到了一个词“改善”，“改”的意思是持续改变，“善”的意思是提升。“改善”这个词告诉我们，通过一小步一小步的改变可以获得持续的提升，而“小”是其中的关键。“水滴石穿”这个众所周知的成语便简明地阐述了这个观点。不管事情是大是小，我们都可以通过制定程序，来控制和减轻事情带给我们的压力。

制定程序

这个例子与我写这本书有关。最初我问自己："在我目前的所有活动中，哪个最重要？"我的答案是："写这本书。"所以，我制定了一些简单的程序。早晨起来，我会先穿上我在日本做演讲时买的浴袍，这个小小的动作会让我立刻觉得自己已经准备好写作了。接下来就是至少两个小时的写作时间。写作完成后，我会打开我的邮箱查看邮件。你们现在读到的这本书，就是我按照自己的程序执行的结果。

制定程序有助于我们省钱

说明：为了更好地说明制定、执行程序的重要性，我妻子同意我将此个人轶事写入本书。

> 我妻子经常在按了电脑关机，但还没有确定电脑完全关机前就直接离开房间。她总说："我是个急性子。"而我经常建议她等确定电脑完全关机后再走，因为有时她觉得电脑关机了，但其实并没有。
>
> 我们家还有另外一个情况，也需要按照程序执行。我家厨房水龙头的把手必须垂直向下。否则，水龙头就会一直滴水。我建议我的妻子每次用完水龙头，在将把手拉下来之后再检查一下，确保不会再滴水之后再离开。
>
> 几年前的一天，这个"急性子"女孩儿忘了关楼上浴

室的水龙头。没多久，我在楼下叫她，让她和我一起欣赏下雨的天花板。她飞速跑到楼上浴室，关掉了水龙头。检查水龙头是否关好这个小小的事情，可以为我们省上千元钱。在那之后，天花板干透，进行石棉测试，重新抹灰和粉刷墙面，把所有打包家具、物品从仓库搬回原位，花了整整 77 天，而这 77 天里我们只能住在酒店里。我爱我的妻子，所以我就姑且把这当作一次特别的人生经历吧。

制定程序可以提高效率

在我多年的工作经历中，做过生意、当过老师、做过顾问和管理人员，通过制定、执行工作程序，我不仅有效地提高了办事效率，而且还减轻了自身的压力。举个例子，在我当老师的时候，如果有学生惹恼了我，我就会问自己："我该采取什么措施来避免这种情况再次发生呢？"课堂管理的关键就是为每一件事制定相应的规则和程序，帮助学生们养成良好的日常习惯。做法很简单，例如：

- 当我在讲课时听到有学生在用卷笔刀削铅笔，我会制定一项程序。我会让那个同学拿着铅笔举手，这种行为可以告诉我他想削铅笔了。当我讲完课堂的重点，我会向那个同学点点头，告诉他现在可以削铅笔了。
- 同样，当我听到撕纸的声音时，我会问自己："我应该采取什么措施来阻止这讨厌的噪声呢？”我最终决定教学生像折热狗一样把废纸折叠。折叠的纸不会发出任何声音，还可以平放在桌子上，到期末的时候就会发现，折叠平放的纸比废纸篓里皱巴巴的纸所占的空间小很多。

这个制定、执行程序的概念适用于工作、生活的各个方面，不管你是在工厂、办公室还是在家里，运用这种方法可以有效地提高做事效率，同时还可以有效地减轻压力。

我给自己的很多日常生活都制定了程序，比如把车钥匙放在哪儿，把手机放在哪儿，把车停在哪儿，还有如何记住酒店房间的号码。很多时候，我们制定了程序，但自己完全没有意识到。事实上，大多数人在日常生活中都是这样的。但如果你足够细心，在事情发生之前就规划好做这件事的方式和程序，就会让你更有效率地完成这件事。我在制定了这些日常程序后，再也没有因为找不到车钥匙、手机、汽车和房间而耗费时间。

简单的程序

在日常生活中，我有两个常用程序。我给其中一个命名为“两分钟事项”，另一个命名为“五分钟原则”。

两分钟事项

如果你觉得一个工作能在两分钟或两分钟之内完成，那么即使这个工作可能没那么重要，你也可以马上将它完成。这个方式能够增加有效性的原因很简单，因为这个工作如果你马上完成可能花的时间很短，但是如果你把它搁置先不做，日后再做的时候你还要花时间去回想、查阅资料，会耗费更多的时间。

举个例子，我有自己的网站，并且发表了很多文章，因此我的邮箱每天都会收到很多邮件。虽然大部分都是垃圾邮件，但我并不想拖延查看邮件这个事情，因为我不想错过读者提出的一些好的意见和建议。所以，我在邮箱里设置了一个“垃圾邮件名单”。当“垃圾邮件名单”中的地址数量越来越多时，我收到的垃圾邮件就越来越少了。这个步骤让我可以很容易一次性删除所有垃圾邮件。

我觉得“两分钟事项”就像铁氟龙涂层，不会粘上任何东西。如果我能够快速处理一件事，我是不会让它搁置的。运用这个步骤的关键就是，当你遇到要处理的事情时，你需要问问自己，这件事你要花多长时间完成，如果你的答案是不到两分钟，那一定要及时完成。

五分钟原则

她是一位有着健康体态、能够鼓舞人心的演说家，当观众看到她曾经肥胖病态的照片时，大家都惊呆了。她总共减了 125 磅，在演讲中她提到是锻炼和健康饮食拯救了她的人生。

有人可能会问，当她不想控制饮食和不想锻炼的时候会做什么？她提到了自己实行的“五分钟原则”。她说道，当她很想吃不该吃的东西的时候，她就会对自己说：“我能吃这个食物，但要等五分钟之后。”然后，在这五分钟内她总会做一些事情，让自己忘记对食物的渴望。她可能会打个电话，查看邮箱，写个小纸条，或者做些其他事情。有的时候，可能什么事情都不用做，对食物的渴望也会自行消失。

当她不想去体育馆健身的时候，她就会跟自己做个小协商。她告诉自己，先去锻炼五分钟，然后再决定是否继续。然而，90% 的情况下，五分钟的锻炼会打破她的消极心理，她会继续完成接下来的锻炼。因此，如果你对自己的行为负责，下次当你有渴望或没有心情做你应该做的事情时，试试“五分钟原则”。

建立良好关系的执行程序

下面要提到的这个执行程序是很多年前，我妻子和我在结婚那天晚上定下的。步骤很简单，但就像所有新的习惯一样，最开始执行时都会觉得很难，慢慢地就会觉得越来越容易。因为在婚后的共同生活中，我们难免会有争执，所以我们达成协议，在生气的时候不去睡觉。现在看来，可能有时候我们的和解谈话时间会很长，但我们还是坚持执行这件事，事实上，这个约定也给我们带来了不错的效果。最终矛盾解决、和好如初的时候，我们会觉得再长时间的谈话也是值得的。

简单总结，本章内容想告诉大家的就是：当你在奋斗过程中遇到困难时，你可以通过制定程序来预防和消除自己的压力。

关键点

- 我们需要制定和执行事情的程序来提高做事效率。
- 我们人生的每个阶段都可以执行相应的程序。
- 按程序执行可以减轻我们的压力。

Chapter 8 控制冲动情绪

理性行动，拒绝感性。

——马文·马歇尔

虽然我们在生活中会遇到一些让我们压力倍增的事情，但我们不必受这些情绪的控制。冲动控制对我们来说是一个工具，一个可以帮我们控制情绪、减轻压力的工具。

冲动控制工具

让我们再回顾一下之前提到的一些情景。假设你有一个重要的面试要参加，但开车被堵在了路上。你发现自己越来越焦躁不安，对自己的心理暗示也成了“堵车真是气死我了！”这个情景只会刺激你的情绪。如果你就这么任由自己生气，那情绪就达到了它的目的。事实上，即使在受到诸如交通堵塞这样的刺激后，一个人也可以决定自己的反应。正如我们在前文中说的，不管情况多糟糕，你都可以选择自己的应对方式。下面，让我们进一步完善这个方法。

想象一个交通信号灯来引导你的思维。

- 首先，停止（以红色信号灯表示）。张大嘴，做一个深呼吸，接着再做一个深呼吸，放松你的下巴和舌头，让其自然舒张。这个简单的呼吸过程有效舒缓了紧张的三叉神经，而位于下巴的三叉神经是向全身传递紧张和压力的神经。
- 其次，你在呼吸的时候有效缓解了紧张的情绪，你的大脑也有机会重新引导你的思维，让你重新考虑自己的选择（以黄色信号灯表示）。你的选择可能包括打开汽车广播，放个 CD，或者想想这周末去哪儿玩。
- 最后，进行选择（以绿色信号灯表示）。这种思维转换的行为可以有效缓解你的负面情绪。所以，释放和改变情绪唯一确定有效的方法就是改变你的思维方式。

当你觉得自己要生气的时候，通过学习和练习以上方法，不仅可以帮你降低生气的频率，还可以减轻你生气的程度。因为，你在大脑中建立了新的神经联系，而这个联系需要进行不断的练习才会成为你的习惯。

当然，这并不是在否认条件反射。人们打喷嚏的行为；听到门砰的一声关上会跳起来；受到惊吓会感到害怕；开车时被突然超车会火冒三丈。这些都是自然的条件反射，都是真实存在的。人们在一定程度上都会对内、外部刺激作出反应，只是有些人反应强烈，而有些人可以通过有效方法减轻这些刺激对自身的影响。随着大脑的不断成熟，人们面对刺激的反应会变得越来越平静。当然，条件反射是基本的生理反应，没有了条件反射，我们的身体就不能正常工作。“站住、战斗、逃跑”是拯救了我们一生的最基础的条件反射活动。当我们处于一个不受保护的环境中，我们会因为一些真实存在的威胁而感到害怕，如老虎、蛇或长矛。在面对捕食者时，为了活下来，我们必须立即决定是留下来战斗还是逃跑。那些僵在原地不动的人，往往都会成为捕食者的“盘中餐”。即使是在这种已经触发条件反射的情况下，人们有时也需要迅速作出选择。

有时候，我们会放任自己生气，就像上面提到的堵车的时候。即使是这样，在被情绪完全控制之前我们还是可以有选择的余地的。当我们通过不断训练自己，使自己意识到这短暂的机会时，我们也就可以更好地选择自己的应对方式。面对事情，我们一定会作出反应，但作出什么样的反应，何时作出反应，以及在哪儿作出反应，都是我们可以自己选择的。

关键性理解

你无法直接阻止情绪的产生！

也许会有人对你说："你不应该那样认为。"但是他们也无能为力，我要再说一遍：没人能直接阻止情绪的产生！但是，有一个坚若磐石的方法能够帮助我们控制情绪，我会在下面这个经历中跟大家分享这个方法。希望你能将我的经历场景化，牢牢记在心中。

> 我任职小学校长的时候，有一天，一位学前班老师打电话到我办公室，请求帮助，因为一个孩子哭得停不下来。我从包中拿出医生给我的听诊器，把它挂在脖子上，然后匆忙向教室赶去。看到那个哭得不能自已的小男孩儿后，我走到他面前蹲下来，看着他的眼睛，我戴上听诊器，把听诊头放在小男孩儿胸口的三个地方听了听。然后，我告诉那个小男孩儿他很健康，没什么事，他的哭声马上就停止了。

我做的事情很简单，但却是当时唯一能改变他情绪的方法。我通过让男孩注意到听诊器，转移了他的关注点，所以他的情绪马上得到了缓和。

转移关注点的方法可以有效改变人的情绪。需要强调的是，情绪总是伴随着认知而产生。如果你想改变自己的情绪，首先你要转变自己的思想。

青少年也会出现关注点转移这种现象。年轻女孩正在跟妈妈吵架，电话响了，是女孩的朋友打来的，女孩马上转变了说话的语气，突然变得温和而友好。但当她挂了电话之后，之前激动的情绪再次涌起。这说明，青少年也可以通过转移注意力的方式来控制自己的情绪。上述情景是我亲眼所见，女孩和她的母亲，其实就是我的女儿和妻子。

情绪受思想的影响不是什么新鲜事儿。我外婆就深知这一点，这也就是为什么她总对我妈妈说："当你不开心的时候，就去扫扫壁炉。"我妈妈向我讲述这件事的时候说，当她在打扫壁炉时，她的注意力就全部集中在打扫壁炉上了，情绪也就随之改变了。

关键点

- 运用冲动控制管理可以减轻我们的压力。
- 你不能直接阻止情绪的产生。
- 情绪总是受认知的影响。
- 能够停止一种情绪的唯一方法就是转移自己的关注点。

Chapter 9 了解自身优势

我们每个人的特长不同，适合自己的学习方式也不同。

——马文·马歇尔

当我们在做自己不擅长的事情的时候，压力就会很大。当我们想学一些新知识但学不会的时候，压力也会增加。但如果我们知道自己的优势和特长，找到最适合自己的学习方式的话，我们所承受的压力就会随之减轻，挫败感也会随压力的减轻而下降。本章将对此观点进行深层次剖析。

学习方式与两方面有关，一是智力，二是如何处理信息。关于智力，举个例子，假设音乐天分有限的你正在学习一门乐器，当你需要演奏难度较大的乐曲时，你的压力就会增加。而关于处理信息，举个例子，如果你喜欢可视化学习，但上课的时候，老师却只是讲课，很少写板书，你在学习这门课时就会感到压力倍增。了解自己的长处和最适合自己的学习方式，可以有效减轻自身的压力。

智　力

人们的智力体现在方方面面，不能仅凭传统的、已经过时的智力测试来衡量。那些测试与阿尔弗雷德·比奈（Alfred Binet）在20世纪初为预测法国儿童在学业上的成败而设计的智力测试类似，主要用来考察孩子们的记忆力、词汇量、空间思维和类比能力。

霍华德·加德纳在他的著作《心智的结构：多元智力理论》中列出了八种智力，并指出可能还有更多。智力有两个关键的基本命题：第一，人的智力不是一成不变的。每当我们学到新的知识，大脑都会产生变化，只要我们身体健康，就有能力不断发展自己的智力水平。第二，提高智力水平的方式多种多样。多元智力的概念影响了我们对智力的看法，因为通过多元智力我们了解到每个人都各有所长。而我们的心态也自然而然地由“自己有多聪明”转变为“自己在哪方面更突出”。

八种智力类型

下面我将对八种常见的智力类型进行简单地介绍：

◉ **语言智力**——最适合此类人群的学习方式是语言展示、阅读、写作和讨论。这种智力类型是最常见的，对于人们来说也是最关键的竞争力，它使我们能够理解语言文字的含义，它还帮助我们在说话中遵循语法和句法规则，理解音调、停顿和词形变化。如果一个人擅长阅读、写作、拼写、演说、讲故事和玩文字游戏这类事情，那么他就是“语言智力”类型。

◉ **逻辑数学智力**——这种智力类型属于数理科学领域。它使人们在工作时有更明确的目标，并且会自我评估自己的工作质量，还可以帮助我们生活得更加规律。属于逻辑数学智力类型的人在数字、物理、序列、归纳和求解等方面会表现出异于常人的天赋。他们的强项在于逻辑思维。

◉ **空间智力**——这种智力的主要功能是准确地形成对空间关系的认识。空间智力与语言智力有一定的联系，空间智力可以帮助人们以图片的方式在大脑中储存记忆和进行回忆，然后通过语言形式表达出来。对于回忆过去的事情和解决问题来说，成像是非常重要的。当人们具有良好的艺术能力，对线条、形状、结构、色彩和空间关系的识别能力很强，可以在心理上进行感知，并通过图画和立体造型将它们表现出来时，他们就是属于空间智力类型。把事件视觉化对他们来说非常容易，他们还擅长处理空间关系。对于他们来说，最好的学习方式是通过图像、影像、视频等视觉教具进行学习。

- **音乐智力**——这是最早出现的智力类型之一，其核心功能涉及节奏、音乐、音调、音高和音乐类型。在所有的智力类型中，音乐和节奏对人类大脑在意识和情绪转换方面的影响最大。当文字以旋律或节奏的方式展现时，人们可以很容易记住。音乐可以对人起到激励和鼓舞的作用，因为其可以表达愉悦也可以表达悲伤。音乐还具有抚慰人心的作用。如果一个人可以用音乐进行交流并能从音乐中获得意义，经常听音乐、玩乐器或喜欢唱歌，对音高、音色、音节、音调都非常敏感，那他就属于音乐智力类型的人。这类人经常用旋律、节奏和歌词来表现自己。他们喜欢唱歌、哼歌、吟诵、说唱、朗诵和创作音乐。对于他们来说，最好的学习方式就是通过音乐中的旋律和歌词进行学习。

- **身体—动觉智力**——此类型的主要特征就是善于通过肢体语言来表达自己的意图。让身体参与任何学习活动，都会增加大脑的神经活动，提升信息被身体肌肉记忆的机会。如果一个人经常运用肢体动作表现自己的思想和情感，对运动很有天赋，在与他人交流时经常用身体语言，擅长跳舞和运动，能够灵活运用自己的肢体，那他就是属于动觉智力类型的人。这类人在运动员、舞蹈家、外科医生、赛车手和发明家身上有比较突出的表现。最适合他们的学习方式就是动起来，以“动手”的形式进行学习。

◉ **人际关系智力**——这种智力类型的人有能力用言语或非言语的方式达到与别人沟通交流的目的。它具有感知他人情感、情绪、动机和意图的能力。它还会让我们产生同理心。如果一个人朋友很多，对情感、情绪和他人动机很敏感，很适合做调解员、领导者和组织者这些工作，并且经常能够进行换位思考，那么他就是人际关系智力类型的代表。

◉ **内省智力**——这类智力主要是指洞察内在和自我反省的能力，比如感受和情绪反应方面的能力。自我意识和自我评价是内省智力的组成部分。因为该智力模式与自己有关，所以它能够帮助我们更全面地看待和辨别事物，并可以帮助我们站在更高的角度，看到事物之间的联系。当一个人有能力评估自己的情感、个性、欲望、价值观和信仰的时候，他就是内省智力类型的人。内省智力类型的人还喜欢为自己设定目标，并且会为此目标不断努力，他们享受个人思考和反省的时光。他们很了解自己，在需要做决定的时候，善于利用对自身特长的了解，作出最适宜的决定。

- **自然智力**——这种智力类型的人，在辨别植物和动物并对其进行分类的能力上超乎常人。自然智力类型的人观察力很强，拥有在自然世界里辨别差异的能力。他们可以区分昆虫、鸟类、岩石、树木、花朵、星星、星球，甚至一些非自然的东西，如汽车、飞机、鞋子或发型等。

当多元智力的概念首次出现时，各地学校都试图将这些模型引入课堂教学中，但这种做法并不现实。这种多元智力类型试图用更精确的智力框架取代过时的智力测试。例如，有些人可能有非常优秀的社交技能，但并不善于了解自己。

事实上，每一种智力类型都不是独立工作的。举个例子，语言智力与音乐智力的结合。想一下你是怎么学会字母表的，是不是唱着“小星星”这首歌的旋律，掌握的“A B C D E F G”。语言智力与音乐智力的结合帮助人们用旋律记忆单词，效果要比硬记单词好很多。当年轻人在“说唱”的时候，起作用的也是这两种智力类型。同理，在写作中，音乐会给人一种很强的冲击感，而相对来说，文字就显得弱了些。

要知道，每个人体现的智力类型不同，所以适合他们的学习方式也会有所不同，学习同一知识的进度也会不一样，可以结合多种智力模式帮助自己更好、更快地掌握知识。例如，当你练习演讲时，你可以在脑海中将演讲内容想象为一棵有着很多分支的树（视觉），你可以按内容的重要程度来为其排序（逻辑），在你想强调的关键点上加上手势动作（动觉）。

每个人的多元智力发展水平不同，所以了解自己在哪方面最强，能够更好地帮助自己减轻所承受的压力。

信息处理

每个人接收、处理信息的方式不同。有些人通过视觉学习更好，有些人通过听觉学习更好，有些人则更善于通过触觉和动觉来学习。还有一些人，尤其是在烹饪艺术中，更多的是使用嗅觉和味觉。所以智力能够告诉我们一个人在哪方面更优秀，而学习方式则更好地解释了一个人是如何学习的。

信息主要通过视觉、听觉、触觉、味觉和嗅觉来传递。尽管在家庭经济、科学和一些艺术活动中会使用到味觉和嗅觉，但视觉、听觉和触觉在信息传递方面依然占主导地位。事实上，触觉也可以引申为身体运动（动觉）。虽然印刷品通常被认为是视觉的（对盲人来说却是触觉的），但是想读懂印刷品还需要其他技能。

大脑可以同时以多种方式学习。在我们成长的过程中，某些感官会比其他感官发展得更好，但各个感官之间都是互相关联的。就像用左右手，虽然我们两只手都会用到，但还是会有用得比较多的那只。同理，我们也并不存在一个单一的、不变的终身学习模式。我们小时候通过听觉学习语言，当我们长大后可能会发现，用视觉学习方式（比如看书）来学习第二语言会更加容易。

受视觉导向影响的人更倾向于可以看到的指示，他们会通过大脑的视觉投射功能在脑海中形成图像、场景和词语。听觉型人更喜欢听口头汇报，他们通过话语、音乐和其他声音回忆之前的事情。以动觉为导向的人喜欢动起来，他们不喜欢闲着，总喜欢做尝试新事物的第一人。

视觉和语言可以创造多种学习模式，下面是一些建议：

视觉型学习者的特点：

喜欢看书面的东西；

然后在大脑中把自己看到的东西画面化；

通过图片把事情联系组织起来；

对色彩敏感；

喜欢记笔记；

希望对方可以手把手教授，而不是仅靠言语告知；

喜欢看以文字形式存在的图表，而不是只听口头汇报。

视觉型学习者的习惯用语：

你可以看到情况是这样的。

明白我什么意思了吧？

看来……

在你脑海里……

用行动来告诉我你到底想表达什么。

你明白了吗？

事情清楚了吗？

这看起来不错。

这是鸟瞰图。

听觉型学习者的特点：

需要表达自己的观点；

通过不断反复来巩固、学习知识；

学习的时候会比较吵；

经常要求上级重复指示；

喜欢以口头方式下达指示；

喜欢自己的说话声音；

大声重复指示能够帮助他们记忆得更深刻。

听觉型学习者的习惯用语：

我听到你说的话了。

这才是真的。

你说了什么我听得清清楚楚。

这事儿听起来合理吗？

我们志趣相投。

我一字不差地记着它。

这让我想起了什么。

我尝试跟上你的思路，但是你讲得太快了。

我们通常认为听觉型学习者可以只通过听来学习。需要注意的是，听觉型学习者也需要倾听自己，因为他们是通过语言上的不断重复来学习的。此外，听觉型学习者如果在不知情的情况下听到对话，他会先听，然后等对话结束之后，他会问旁边的人：“他刚刚在说什么？”所以，在给学生布置任务之前，讲师要提前说一句：“现在，我要布置作业了。”并且，在布置完任务之后，讲师要让学生重复刚刚自己布置的作业内容，以加深他们的印象。

动觉型学习者的特点：

喜欢控制别人；

习惯经常活动筋骨；

创造能量来保持专注，即使是在运动状态；

什么也教不了。

动觉型学习者的习惯用语：

我能处理好这件事。

这对我理解这个问题有帮助。

理解这一点。

你能把你的手指放在上面吗?

这个故事对你有触动吗?

在日常生活中，我们可以通过观察，来判断一个人是属于哪种类型的学习者。视觉型学习者在跟别人说话时注重眼神的交流；听觉型学习者会再三重复要做的事情，并且在接收指令的时候，也希望对方能够再三重复所说的话；动觉型学习者喜欢时刻动起来。

我们需要了解自己是属于哪一类型的学习者，只有这样，我们才能够有效减轻自身压力。例如，在一种情况下，如果一个教师的教学方式是高度可视化的，那么他自然会倾向于经常使用这种方式而排除其他方式。如果你在这种情况下学习，那么你可以主动要求教师用不同的方式或方法来解释其所教的内容。

本章将以教育学家威廉·格拉瑟（William Glasser）所说的一句话作总结：

如果教学跟说话一样简单，那我们每个人就都是专家了。

关键点

- 每个人体现的智力优势不同，所以适合他们的学习方式也会有所不同。
- 我们需要知道自己的优势在哪儿，并且了解适合自己的学习方式，因为只有这样才能有效帮我们减轻压力。

Part 3　小结

设计制定程序对于减轻压力来说至关重要。同时我们还要注意控制自身情绪，三思而后行，可以帮助我们有效地减轻自身压力。另外，了解自己的优势和找到适合自己的学习方式也有助于我们减轻压力和挫败感。

总　结

制定程序可以帮你减轻压力，但是在新程序变成你的个人习惯之前是需要不断练习的。你想要改善某种情况，比如总是记不住自己的购物清单放在哪儿了这种，你需要问自己："我可以设计哪些步骤来帮助自己记住购物清单放哪儿了呢？"以此来帮助自己进行改变。

我们都有过受情绪影响而压力倍增的经历，但是我们不必受这些情绪的控制。不断练习冲动控制方法能够帮助我们控制自己的情绪，减轻自身压力。

当我们做自己没做过或者不擅长的事情的时候，我们的压力会增加。当我们无法成功掌握一个新知识的时候，我们的压力也会增加。但如果我们知道自己的优势，并且了解最适合自己的学习方式，我们的压力水平会下降，挫败感也会消失。

结 论

如果你被一些事情困扰，那就制定一个程序来处理这件困扰你的事。制定和执行程序可以有效降低一个人的压力水平。

你无法直接阻止情绪的产生，但是你可以通过改变自己的想法和行动来转变自己的情绪。将你的关注点转移到其他事情上，情绪自然而然也就随之改变了。

参加那些你擅长的活动并且学会用最适合你的方式减轻自己的挫败感和压力。这并不是说，你应该一成不变，不去体验新鲜事物。这只是在告诉你，做什么事都要对自己有信心。

Part 4

压力与意识

认清自己的想法

语言的力量

视觉化思维

语言和思维方式创造了我们的现实。

——马文·马歇尔

元认知是指意识到自己的思维，它与心态有直接的关系。观念是我们的认知、态度、倾向、意图、意向，它源于我们的生活经验，并且可以过滤我们的思想。我们的思想影响着我们所使用的语言，而语言反过来又会引导我们的思想。

当我们“听到”自己在思考时，就是在进行元认知。了解自己的想法是控制自身压力的第一步。我们对元认知的了解越多，就能越来越认识到自己的观念，就能更好地享受生活，远离压力的困扰。同时，我们的现实生活受观念的指导。要想减轻压力，关键是要明白，通常促使我们对某个事件作出反应的不是事件本身，而是我们的观念或对事件的看法。这些将在第十章“认清自己的想法”中作详细介绍。

在第十一章“语言的力量”中，将向我们

阐释我们说出的话是怎样影响我们的想法和感受的。当我们说“他给我带来了很多快乐”，我们会认为是别人给我们带来了快乐，但实际上，别人只是刺激了我们的快乐，他并没有直接给我们快乐。

事情要想取得成功，可视化是一个很有效的方法。尽管我们的大脑不是肌肉组织，但是锻炼大脑就会使它更加高效。当你总是有目的地锻炼大脑时，大脑会变得更加活跃，但如果你经常什么都不想，也不用脑子，它就会变得迟钝，很容易产生压力。在第十二章“视觉化思维”中，我们将介绍视觉化对减轻压力的重要性。

Chapter 10 认清自己的想法

世界上不存在什么完美的感知，你看到什么完全取决于你在看之前的想法。

——梅伦·翠柏斯

认知就是思考，元认知就是意识到自己思维过程的思考。当我们“听到”自己的想法时，就是在进行元认知。认清自己的想法是控制压力的第一步。

元认知

有一个简单的方法可以帮助我们理解元认知。

- 想想你在解决“2 加 2 等于几”这个问题时是否听到自己在自言自语。
- 如果你感知到自己在思考，那么就证明你正在进行元认知。

- 如果有人对你说："告诉我你是怎么解决问题的。"而你回答："我不知道，我就是解决了。"那说明你缺少元认知。

如果你不对自己的思考过程加以控制就可能会导致糟糕的决策，产生挫败感和不必要的压力。你有没有过这样的经历，不停地重复做同样的事情，期望看到不同的结果；或者在工作中，有没有根据任务的不同，而选择不同的方式处理呢？

了解大脑是如何运作的可以帮助我们更好地控制我们的想法和行为。反思自身想法的过程能够帮助我们更有效地监督和管理自己，帮助我们提高效率和自我调节。

当我们面对挑战的时候，知道什么对我们有用，什么对我们不利，是非常重要的。它能够帮助我们明白在面对一件事时，我们为什么会作出特定的选择。所以，在做决定之前，先问自己几个问题，例如：

- 我为什么会这么做？
- 我知道该怎么做吗？
- 我想通过做这件事达到一个什么结果？
- 我应该先做什么？
- 做这件事要花费我多长时间？

掌握一些提升思考能力的策略非常重要。我们总是过于强调正确答案和唯一解，但在很多情况下，重要的不是我们知道多少答案，而是当我们遇到问题、困境、谜题需要解决时，或者无法即时获得答案时，我们应该做些什么。

面对一项任务时，大多数人只是开始做自己觉得正确的事情，只有在必要的情况下才会自己思考自己采取的行动。举个例子，你在开车的时候，看到红灯会自动停车，这是我们看到红灯之后的习惯性反应。但当我们看到一个在不断闪烁的红灯时，情况就不一样了，因为不是常见现象，所以我们会开始思考自己接下来要怎么做。在生活中，面对复杂的挑战，成功者和失败者的区别就在于，成功者知道自己在做什么，并对自己所做的事有所思考，他们不会受冲动和直觉的影响作出不当之举。

当一种习惯形成之后，思考也就少了。其原因在于大脑更容易受到新奇事物的刺激，而不是普通日常的事情。这是思考发挥作用的时刻。当你在处理问题的常规方法和新方法之间犹豫不决时，思考会促使创新精神发挥作用，增加你的决策技能，并减轻你的压力。

多思考是人生的一大乐趣。我们对元认知的运用越多，就越能掌控自己的思维方式，从而更好地指导我们的生活，减轻我们承受的压力。

观 念

自我对话形成了我们的感知。事实上，一个很好的例子就是，我们与自我对话直接影响了我们的现实生活和压力水平。压力与我们的感知有一定的联系，而与我们的观念直接相关。

观念是从我们的经历中产生的感知、态度、性情、意图和倾向，它可以通过过滤我们的思想，帮我们形成自身对世界的独特看法和处世之道。

感知同现实一样重要，事实上，感知有时候就是我们的现实。为了减轻压力，我们必须认识到，促使我们作出反应的往往不是事件本身，而是我们对事件的感知。这就是为什么明明三个人从相同的角度看同一件事，但观察和报道的角度却不一样。

我们通过自己从经验中制造出来的过滤器来看待自己的生活。我们所处理的信息很大程度上取决于我们的观念。我们可以将半杯水描述为杯子里一半儿是满的或者一半儿是空的（当然，如果你是一个工程师，可能会说杯子不够大）。我们可以把将要面对的事情看作一个难关，也可以看作一项挑战，而我们如何选择取决于我们的观念。

心理学家詹姆斯·萨顿（James Sutto）强调感知和现实同样重要。比如，如果一个人感到害怕，不管是否有什么值得害怕的事情，他的行为都会反映出这种恐惧。詹姆斯的经历使他得出这样的结论：人们更容易被自己的感知毁掉，而不是他们的现实生活。

12 岁的罗杰不久前做了脑瘤手术，手术很成功（幸亏是良性的），但手术后，罗杰的校园生活和交际圈变得一塌糊涂。后来，詹姆斯·萨顿医生接受了他的咨询。从医院的病例和手术记录上看，没有任何医学原因可以解释为什么手术之后罗杰的生活变得如此糟糕。按理来说，罗杰手术后的生活应该变得越来越好才对。下面是罗杰跟詹姆斯医生咨询时的对话内容：

“罗杰，你是不是觉得医生切除了你大脑中的肿瘤，就是切掉了你一部分的大脑？”

“不，医生。”男孩轻声回答，“他切走了我全部大脑。”

天哪，怪不得罗杰会陷入麻烦。原来他觉得自己已经没有脑子了！詹姆斯医生给罗杰解释了一下手术的过程，并向罗杰保证他的脑子还在，完全能够正常运作。

“真的吗？”罗杰如释重负，他年轻的脸上终于露出了笑容。

“绝对是真的！”

数周后，罗杰的生活恢复了正常，他的学业情况和交友情况也得到了改善。

正确的观念能够帮助你减轻和克服生活压力。

关键点

- 元认知是对自身思维过程的思考。
- 观念形成于我们的经历，它会过滤我们的思想。
- 观念影响我们的认知和行为。
- 认识到我们心中所想和我们的观念对控制压力来说是至关重要的。

Chapter 11 语言的力量

我能因为别人一句赞美的话开心两个月。

——马克·吐温

我们都有过被书中的故事感动的经历。有时候我们会感动得流泪，有时候我们会觉得身心舒畅，还有的时候当故事结束，我们会感到很难过。仔细想想，作家们只是在白纸上写下了一些文字，就能创造出如此真实、令人感动的世界，这是多么神奇的事情。

语　言

语言塑造了我们的思想。乔治·奥威尔在他的经典著作《1984》中，用“自由”一词展示了文字的力量。如果没有这样的词，这样的概念要如何被想象和传达呢？奥威尔用他清晰的文字和符号，证明了语言可以引发想象并激发行为的观点。语言可能有积极作用也可能有消极作用，因此你的语言选择将影响你的压力水平。

很明显，语言具有强大的力量，但事实上，在大多数时候，我们都不会注意自己的言语方式。甚至，我们对衣服的选择都要比对话语的选择要谨慎很多。但需要注意的是，无论是自言自语还是跟他人交流，我们所说出的话都与自身压力水平息息相关。

自我测试

下面这个练习可以帮你了解，你对自己的语言有多大的控制力：

在接下来的 24 小时内，不对任何人说不友好的话，包括对你自己。如果你觉得自己能做到，那么，一个改善人际关系、减轻未来压力的绝佳机会就在你面前。但是，如果你觉得这个任务对你来说太艰巨了，你可以尝试以下思考方式：

- 如果我要求你在接下来的 24 小时内不喝带酒精的饮品，但你反驳自己做不到，那我就会把你分到酗酒者的行列。
- 如果你是一个咖啡癌晚期患者，我让你 24 小时不喝咖啡，你会对我说：这不可能。我会觉得你对咖啡因上瘾，而且无法控制自己。

◉ 如果你做不到 24 小时不说脏话，那么你就是一个管不住自己嘴的人。

当你真正明白语言的力量时，你就会在说话时变得小心谨慎，就像你拿着一把枪一样。

“棍棒和石头可以打断我们的骨头，但言语永远不会伤害我们。”这句儿时的格言只是为了让我们感觉好一点儿，但在内心深处，我们知道言语会伤人。亨利・沃兹渥斯・朗费罗以其敏锐的洞察力陈述了这样一个事实：

> 破了的夹克很快就能补好，但苛刻的言语会挫伤孩子的心。

语言的力量

你的言语能使情况变得积极或者消极。比如，当你以“不幸的是”开始一段谈话时，你马上就为听者制造了一个消极的氛围。这句话会让人联想到不好的或者悲伤的事情，不管你在这句话之后说什么，都会给人一种这件事不是好事的感觉。同样，“但是”这个词总是对前面的话带有一些否定意味。举个例子，父母对孩子说：“好的，你可以跟朋友出去玩儿，但是你要在 9 点之前回来。”我们将句子中的“但是”换成“还有”，你会发现可以有效降低这句话带有的消极含义。“你当然可以跟朋友出去玩儿，还有记得9点回家。”这里两句话虽然表达的意思都一样，但给人的感觉完全不同。语言塑造你的思想，所以要小心使用那些有消极意义的词，如“虽然”“然而”“仍然”等。

不管是有意识的还是无意识的，人们使用消极的语言会对自身发展产生长远的影响。即使只是一两句刻薄的话，人们也会记得很久很久。说别人的坏话可能会带来可怕的结果，莎士比亚的作品《奥赛罗》中的伊阿古就是一个最典型的例子，他的邪恶都是通过语言塑造出来的。

> 这部剧的开始，伊阿古发誓要消灭摩尔将军奥赛罗，因为奥赛罗在成为将军的过程中，绕开了他。伊阿古知道奥赛罗的嫉妒心重，所以对奥赛罗说他的妻子苔丝狄蒙娜有外遇。这个流言看似荒谬可笑，但伊阿古一直重复对奥赛罗说这件事，并列出了很多间接的证据以证明自己所说属实。慢慢地，奥赛罗失去了对苔丝狄蒙娜的信任，相信了伊阿古的谎言。直到最后，奥赛罗杀了自己的妻子，才瞬间醒悟都是伊阿古的话迷惑了自己。但是对于奥赛罗来说，真相发现得太晚了，妻子被自己杀死这件事，已经无法改变了。

已经说出的负面言语是无法撤回的。我们应该多加注意这些言语对我们的思想和情绪产生的影响。如果你是一个销售人员，发现自己达不到本月的销量配额时，不要对自己说："要是我达不到销售配额要求怎么办？"而应该改变自己的思想，对自己说："就算达不到销售配额又能怎么样？"

如果你觉得你对他人的评价并无太多恶意，那么问问你自己，你愿意当着他人的面说出对他的评价吗？如果你的回答是"不愿意"，那你就需要想一想，自己是否应该随意评价别人。在说别人坏话之前需要思考的关键问题有：

- 这是真的吗？
- 这样说是公平的吗？
- 有说这个的必要吗？

另一个建议就是，培养一种友善、公平地谈论他人的方式，即使你心里并不想赞美他人。想一想你希望别人怎么评价你，这样能够帮你在评价他人的时候选择合适的话。

看看你是否能通过下面这个情景设定，感受到语言的力量。

> 想象一下你只有 5 岁。初春，天气很好，你自行车的辅助轮刚被拆下来。你刚蹬上自行车的时候，你父母会在后面扶一下，帮你稳住车子，然后他们会松开手，让你自己骑，他们在旁边保护你。风吹过你的脸颊，你开心地笑起来。但其实虽然自己会骑车子了你觉得很开心，同时也还是会紧张。你的内心好像有一个声音在对自己说，坏事

随时可能发生。但这时，你又听到耳边传来鼓励的话："加油！继续骑！你能做到的！""别担心，我在这儿保护你。"听到这些话语，你的自信心马上得到提升，所有不好的想法立刻烟消云散。

一位伟大的钢琴家在他的回忆录中写道，在他小时候，有一次他在上楼时无意中听到他的钢琴老师对他母亲说："这孩子有一双金手。"据钢琴家回忆，从那天开始，他觉得自己真的拥有一双了不起的手。无论在弹钢琴的过程中遇到怎样的困难，他都无所畏惧。因为，他有一双"黄金"一样的手。

下面这件事是在"二战"时发生的真实故事：

一个年轻的中尉向即将被派往海外的数千名士兵介绍新出的军用保险项目。在一段长长的介绍之后，年轻的中尉让对保险感兴趣的人举手。结果，没有一个人举手。

年轻的中尉感到非常沮丧，这时一位老中士举起了手，问他是否能让自己在大家面前说几句。年轻的中尉点了点头，表示同意。

老中士拿起了话筒，说道，一周之内他们将都被派往海外，有些人可能会被送上前线，而且有可能再也回不来了。

他继续说："正如中尉介绍的那样，如果你买了这个保险，而不幸在战争中牺牲，美国政府就会给你的家人一万元抚慰金。但如果你没有买这个保险，而牺牲在了海外，美国政府不会给你的家人补偿一分钱。"

老中士停了停，继续说道："你们觉得美国政府会送那些投保的人上前线还是没有投保的人上前线呢？”

与人为善

当我还年轻的时候，我就坚持一个信念，一直到现在，那就是：善待自己。在我年轻的时候，我觉得自己并不完美，会犯错误，经常会为自己说过的话、做过的事感到后悔。但我发现，自己无法改变已经发生过的事情，我不能让自己沉浸在消极的思想和情绪中。所以我决定学习伟大的篮球运动员撒切尔·佩奇的人生态度，他曾说过：“不要回头，往事会成为你的牵绊。”

在思想上逼迫自己不是件好事，而且可能会给我们带来很大的伤害。我发现，当我与人为善、善待自己的时候，我的压力水平自然而然就会降低，做事的效率也会更高。这一点尤其适用于维持我和妻子的关系，我在跟妻子相处的时候，总是问自己：“我说的这些话对她来说是善意的吗？”

擅长运用语言力量的人，生活压力感会比较小。与其执着于那些已经无法改变的往事，不如把精力放在那些还未发生的、能改变的事情上。小说同名电影《爱情故事》中有一句著名的台词：“爱意味着永远不用说对不起。”但在现实生活中却完全相反，爱代表着你要经常说对不起。

善待自己、与人为善，是正确的为人处世之道，能够帮你减轻压力。所以，经常反思一下：“我有没有做到与人为善呢？”

关键点

- 我们所说的话会对我们的思想和情绪产生影响。
- 我们通过选择不同的词语，能把一句消极的话变积极。
- 人们总是会被他人对自己的评价所影响。
- 你选择的语言可以减轻你的压力也可能会增加你的压力。

Chapter 12 视觉化思维

视觉对思想的刺激可以减轻压力。

——马文·马歇尔

视觉化可以帮助你在大脑中形成画面，进而提升你的生活质量。那些经常使用可视化的人能很快积攒更多正能量，因为可视化可以增加人的幸福感。

在第一架飞机问世以前，很多人想象过人飞起来的样子。在智能手机问世以前，用手机实现网上交流完全要靠想象。毫无疑问，视觉化对于所有目标的实现是里程碑一样的存在。

基本的理解

直到 100 年前还没有人能够给其他人讲述相同的故事。让我们通过想象以下场景来理解这个过程：

一个牧童骑着一匹马，马看到一条蛇。

马吓得跳了起来，牧童从马背上摔了下来。

下面在你的脑子里回答下列问题：

- 牧童穿着什么衣服？
- 这个事件发生在哪儿？
- 马是什么颜色的？
- 这件事是什么时候发生的？

你脑海中的想象使这个事件可视化。而这些画面当然不是通过阅读简短的描述产生的，因为上文中并没有相关的描述。所以我想强调的是什么呢？那就是在看到真正的画面之前，每个人脑海中想象的画面都是不同的。

作家与电影编剧的不同之处在于，作家是为大脑创作作品的。小说是一种精心设计的场景，在这种场景中，我们每个人都可以在脑海中创造一部属于自己的电影。

需要理解的关键点是，人的大脑是通过图像而不是文字进行思考的。因此，我们应该发挥自己的想象力，把事情和结果往好的方面想。这样，积极的动力就能够抵消我们所承担的压力，提升我们做事的效率。

缺瓦综合征

想象一下自己坐在一个房间内，抬头看到天花板上有一块残缺的瓦片。你觉得你的关注点会在哪儿？答案当然是，你会非常在意那块残缺的瓦片。

残缺的瓦片是可以换掉的，换了之后天花板就能变得完美。但生活却不同于天花板，永远也无法达到完美。也正因如此，总是关注自己生活中不完美的部分是没有用的，并且还会为自己徒增烦恼和压力。

畅销书作者丹尼斯·普拉格（Denniss Prager）有许多优秀的作品，包括《幸福是一件严肃的事》（*Happiness is a Serious Business*）。下面这个故事，是他在讨论这个话题时所讲述的（下文中的分享是经过他本人同意的）。

> 让我给你分享个事情，通过那件事我学到了人生中重要的一课，我将其称为“缺瓦综合征”。
>
> 一个秃顶的男人曾对我说过这样一句话：“你知道吗，丹尼斯，不管什么时候，只要我走进一间有人的屋子，我的全部关注点都在他们的头发上。”
>
> 当我听到这个，我马上意识到这个男人看世界的方式与我完全不同。因为我的头发很茂盛，所以当我走进一个房间，我完全不会注意别人的头发。因为，那不是我所缺的那片瓦。但是对于这个男人来说，头发就是他生活中缺的那片瓦。

这在某种程度上适用于每个人。当一个女人觉得自己的腿型不完美时，她走进一个屋子，她的关注点就都在拥有完美腿型的人身上。再举个例子，曾经有位女士对我说："不管我到哪儿，我看到的都是孕妇。"这怎么可能呢？大部分女性都没有处于怀孕状态，即使是那些年轻的处于适孕年龄的女性，也不是说怀孕就怀孕了。但是为什么她看到的都是怀孕的人呢？因为，她想要个孩子但是一直没成功。对于她来说，她生活中缺失的那个瓦片就是孩子。这是人的本性使然，我们总是关注我们生活中缺失的那部分。

在我们获得幸福的道路上，"缺瓦"是很大的阻碍。你的人生总会缺点儿什么。当你看到别人的孩子时，你可能会拿自己的孩子做比较："天哪，为什么我的孩子不能好好学习，为什么我的孩子不能彬彬有礼，为什么我的孩子不能更聪明点儿，或者长得更帅点儿，当一个运动员也不错啊。"同样的场景也时常发生在我们的配偶、工作和长相上，这样的例子不胜枚举。

再讲一个例子。当我还是单身，在寻找另一半的时候，我想先确定一下自己未来妻子应该具有的最重要的品质。所以几乎每次约会后，我都会给我的好朋友约瑟夫打电话，对他说："约瑟夫，我知道我想找什么样的女朋友了！"约瑟夫会问道："好吧，丹尼斯，什么样的？"然后他会默默听我长篇大论。有时我会说自己喜欢聪明的，有时又说自己喜欢好看的，或者某一天说自己更看重人品，再一天又说还是友好最重要。一天晚上，像往常一样，我在约会之后给我的朋友打电话，说："约瑟夫，我终于知道自己喜欢什么样的女孩子了。”但这次，他没有像往常那样回答说：“好吧，丹尼斯，你喜欢什么样的？”他说道：“你不用跟我说，我来告诉你你喜欢什么样的女孩子。”我很疑惑地问道：“你怎么知道我喜欢什么样的，你都不知道我跟谁约会。”“那不重要。”他回答说，“你最看重的性格一定是跟你今天约会的女孩子没有的。”我无话可说，他说得对，那晚的约会缺点儿什么，我就会认为那才是最重要的，是我最看重的。

在我还没有想到“缺瓦综合征”这个概念时，我就已经深受其害了。这就是我们欺骗自己的方式，通过专注于缺失的瓦片来破坏我们本能获得的快乐。所以我们要做一个简单的选择：我们是选择关注自己拥有的，还是关注自己生活中缺失的。这个问题的答案将决定你能否获得幸福。

幸福和压力之间有联系吗？

一个值得记住的例子

对于大脑来说，眼睛看到的画面和脑海中想象的画面都会对大脑相同的区域产生直接的刺激。

视觉化刺激能够提高成功的可能性，因为它启动了在实际活动中使用的神经回路。这也正是为什么不管你做什么活动，可视化都是最有效的展示方式。

詹姆斯·内斯梅斯（James Nesmeth）是 20 世纪 90 年

代一名普通的高尔夫球手。然而，有七年时间，他完全退出了这项运动；他没有碰过高尔夫球杆，也没有进过高尔夫球场。那时，内斯梅斯少校在北越的一间小牢房当了七年的战俘。在他整个服刑期间，他完全是被隔离起来的。他觉得即使是在这样可怕的条件下，他也能保持自己的理智。

他决定练习高尔夫球，但他并不着急，因为他也没其他地方可去。他想象着自己正在最喜欢的高尔夫球场打一整场的高尔夫球。每天，他都想象着自己打高尔夫球的所有细节。他想象着自己穿着高尔夫球服，闻着新修剪的树木和草地的芳香。在他想象的画面里，四季分明，微风拂面的春天，阴暗寒冷的冬天，晴朗的夏日清晨。他会想象自己所做的每一步，从每次挥杆前的姿势到挥杆后的跟进。从第一个球座开始，他往下看，看到了地上的高尔夫球。他想象着自己如何应对，握着球杆的感觉，以及自己握杆的姿势。在他练习下挥杆和击球动作时，他也用想象不断指导自己。然后，他想象球沿着球道的正中央划出一道弧线，弹跳几下，滚进他想让球到的地方。在他的想象中，他没有打空过一次，也没有丢过一次勾球，切球也没有失误过。每天，他都会想象自己打满 18 洞高尔夫球。

当内斯梅斯出狱后，他做的第一件事就是去上高尔夫球课，打一整场高尔夫。而他出狱的第一场比赛，他打中了 74 杆，尽管七年来他从未碰过高尔夫球杆，但这成绩远远超过了他之前的最高纪录 24 杆。这就是想象的力量。

虽然大脑不是肌肉，但很明显它和肌肉一样都是需要靠学习

和锻炼才能不断精进的。当你可以做到有目的地使用它，并且习惯性地锻炼它时，大脑就会变得更灵活。但如果你经常不动脑子，大脑就会变得迟钝，而且很容易产生压力。

读书（左脑支配）时在脑海中想象一幅生动的画面（右脑支配），可以促进左右脑的整合，从而提高记忆力和学习效率。当你同时使用左右脑时，你可以不断建立左右脑之间的联系，使你的大脑变得越来越聪明。学习是通过学习达成的，在你不断学习和成长的过程中，你大脑的神经网会越来越密，联系也会越来越多。

我们应该把视觉化运用到我们的生活之中。各种研究不断在证实可视化能够有效帮助我们进行记忆、程序和运动学习。为每一个写出的文字在脑海中创建画面。当我们运用这种方法时，不管对于我们还是对于他人来说，都为人生增添了意义，使我们能够更好地掌控自己的人生。

讲故事是传达信息的好方法。故事往往比事实存在的时间要长，因为故事可以产生画面感。画面能够触动我们的情感，因为它们唤起的感觉比事实引发的感觉更深刻。当你问历史老师，怎么能让这个学科变得有趣，让学生更感兴趣，回答会是三个字："讲故事。"

一个古老的传说可以说明这个道理：

真理赤裸裸地走来走去，人人都避开他。

> 故事穿着五颜六色的衣服走来走去，每个人都喜欢他。
>
> 真理问故事："你做了什么，让人们那么喜欢你？"
>
> 故事借给真理一些色彩缤纷、充满趣味的衣服穿。
>
> 后来人们也开始喜欢真理了。

人们在读故事的时候，会不知不觉地在脑海中进行视觉化处理，把文字的信息想象成画面。视觉化可以带给我们力量，能够有效帮助我们减轻压力。做可视化练习非常简单，从"想象一下自己……"开始就可以了。下次当你觉得压力很大的时候，创作一个故事，想象一个场景、一个令你感到舒服的画面，看看你的压力是如何消散的。

关键点

- 大脑是通过图像而不是文字来进行思考的。
- 在脑海中想象出你想要的事物，能增强你的力量，减轻你的压力。
- 与其总是把关注点放在生活中缺失的那个"瓦片"上，不如放眼全局，看看整个"天花板"吧。
- 图片越鲜明，越有利于我们长久记忆。
- 可视化可以带给我们力量，进而减轻我们的压力。

Part 4 小结

要想减轻生活压力，需要时刻关注自己的想法。当然，说话时言语积极可以有效减轻你的生活压力。另外，场景可视化，对你的压力水平也会产生重要的影响。

总 结

认知产生于思考。元认知是关于“思考的思考”，也就是认识到自己想法的过程。当你正在倾听自己的所想，你就是在进行元认知。认清自己所想是控制自身压力的第一步。观念是由你过往的经验和通过思想过滤而产生的感知、态度、性情和倾向。了解自己的思想都过滤了哪些信息能使你变得更客观。当你明白自己为什么这样做的时候，你也就获得了更多对自己人生的掌控权，在面对压力的时候，你就可以更好地选择自己想要采取的应对方式。

我们都知道言语的重要性，但很多情况下，大多数人在说话时并不会多加考虑。我们说出的话，对自己、对他人都会产生一定的影响，并且会直接影响我们的压力水平。

在脑海中创建心理图像可以提高我们的生活质量，因为没有比图像更能直接影响人们的想法和情绪的元素了。想象能给我们带来更积极的能量，可以增加我们的幸福感，降低我们感受到的压力。

结 论

要多注意自我对话的内容，尤其是关于自己的自我对话。如果你的自我对话是消极的，那你需要把它变成积极的。选择那些能够带给你力量的语言。最后，当你觉得压力很大的时候，想象一个能够有效帮你减轻压力的画面。

Part 5

身体状态对压力的影响

大脑切换任务

呼吸、姿势与运动

睡眠、营养与欢笑

认清任务切换、多任务处理、单一任务处理之间的不同可以有效降低人的压力。

——马文·马歇尔

多任务处理这个术语总是被人误解。了解切换任务、多任务处理、单一任务处理之间的不同能够提高人们的工作效率，减轻人们的压力。一个人的呼吸方式会影响他对压力的控制。同样，充足的睡眠、营养和欢笑也对人们控制压力有一定的影响。

任务切换是指两个任务争夺同一神经连结。多任务处理是指大脑同时处理多个任务，但这些任务并不争夺同一神经连结。单一任务处理是指大脑只专注于一个任务。这三种任务处理方式，都会在第十三章“大脑切换任务”中做详细介绍。大脑对活动处理方式的选择会影响你的压力水平。

呼吸通常是一种无意识行为，但它也是唯一

能影响到你无意识神经系统的行为。你的身体姿势可以帮助你提高工作效率，也可以降低你自身的压力。运动在减少、预防压力和其他健康疾病方面起着关键作用。在第十四章“呼吸、姿势与运动”中将提出一些与其相关的有趣见解，这些见解能够有效降低人的压力。

调查显示，当人们睡眠不足时，他们会吃很多不健康的食物，发胖概率更大。随着年龄的增长，我们的新陈代谢水平会降低，所以吃同样数量的食物会增加体重。欢笑能激发体内产生内啡肽，内啡肽是让人感觉良好的人体天然化学物质，能促进幸福感的产生，减少压力带来的负面影响。在第十五章“睡眠、营养与欢笑”中你会发现很多有趣的现象。

Chapter 13 大脑切换任务

三心二意终将一事无成。

——罗马谚语

现在的生活节奏越来越紧张，以至于“简生活”的呼声也越来越大。让大脑不去选择切换任务和多重任务并行的处理方式，可以有效减轻自身压力。

切换任务

生活中有很多事情要做，但时间有限，当每天的工作量越来越大时，尝试同时处理两件事情无疑是诱人的。然而，如果完成这两件事都要求做事的人精神高度集中，那很有可能，最终这个人哪件事都做不好。我们要知道，尝试做两件涉及大脑中相同神经元的活动是一种切换任务，会造成工作效率低、认知障碍等情况。切换任务会降低你的专注力，在大多数情况下，大脑无法做到同一时间处理多个任务。

切换任务会释放皮质醇，这种“压力荷尔蒙”会削弱人们处理信息的能力。由切换任务所产生的压力会使大脑神经元萎缩，降低人们解决问题的能力。切换任务还会削弱人们情绪调节、恢复和冲动控制的能力。人们是无法做到完美切换任务的，当我们觉得自己能做到的时候，其实是在自欺欺人，而大脑非常善于欺骗自己。举个例子，我们经常觉得自己边看电视边读报不会影响自己的认知能力和效率，但事实根本不是这样。

多任务处理

当同时处理两个或多个任务不需要争夺相同的大脑资源时，那么这些任务是可以并行的。这种多任务处理在现实生活中是存在的。例如，我们能够边说话边开车，边吃饭边看电视，边听音乐边打扫花园。虽然注意力会被分散到每一个事项，但是由于这些事情对专注力没有太高要求，所以同时进行两个活动会更有效率。

假设，你负责的一个项目马上要结项了。你正在专心工作时，电话响了，你的自然反应是接电话。但因为你现在很忙，所以你决定先不接这个电话，让电话转自动留言模式，而你继续把注意力集中在手头工作上。其实，你可以先听听留言内容，如果是紧急事件你就回个电话，如果没什么大事，就先搁置。但为了不增加自己的压力，进而影响自己的办事效率，你决定不接这个电话也先不听留言内容，等自己完成快要结项的项目工作之后，再处理电话问题。

我的妻子是一个小说作家。她发现，自己如果边听音乐边写小说，效率会大大下降。如果你在餐厅里玩手机，你就会错过外出就餐的氛围和乐趣。如果你的孩子在你看电视的时候跟你说话，你很有可能既没听见孩子对你说了什么，也没看明白电视在播放什么。

单一任务处理

单一任务处理要求一次只做一件事情，而不考虑当前其他的需求或想法。这意味着要按顺序处理工作，完成一个之后再进行下一个。但这不一定要求你必须完成现在的任务，只是说在做一件事情的时候，不同时进行另一件事。

单一任务处理并不是要求我们放弃与当前任务不一致的想法。如果有，我们可以暂停下来，记录下这些想法，这样做并不意味着我们减少了对单一任务的专注程度。我们只是使用了一种方法，这种方法能够暂时让我们把不太紧要的想法放到一边，等用到的时候再进行思考。

当你正在做的事情产生了一个辅助性的想法时，只需在记事本上记下这个想法，然后把它放在你的任务里。运用这种方法，任何与任务不直接相关的想法都可以先搁置。把无关的想法“搁置”到更合适的时间，不仅有助于完成当前的任务，而且有助于提高效率、减轻压力。

此外，还可以考虑“集群任务”，将你一天中会执行多次的任务进行分组，如回电话或回复消息。你可以把它们分组后，集中在一天的某个时间段一起完成。至于如何控制处理这种零散工作所用的时长，我的建议是准备一个计时器，记录开始和结束的时间，并且在做这些工作时不要受到其他工作打扰。

重视单一任务处理的人拥有更好的人际关系，因为他们在跟别人交流时会非常专注地看着对方的眼睛，给对方一种被重视的感觉。相反，如果你在跟别人说话的时候眼睛东张西望，那么会使对方感到不适。这种交流方式属于切换任务类型，它会增加你的挫败感和压力。

总 结

切换任务是指两个任务对同一神经连结的争夺。比如，听课时玩手机，读书时看电视等这类情形。当大脑需要兼顾两件事情的时候，做事效率会明显下降。

多任务处理是指同一时间干两件可以共存的事。如边吃饭边看电视，虽然注意力会分散，但这两件事对专注度要求都不高，所以没什么影响。

单一任务处理是指大脑在特定时间只专注于一件事。如果你能清醒地意识到自己是在做切换任务、多任务还是单一任务，你就能减轻自身压力。专注能让你获得控制权，而对事物具有掌控力是应对压力的良方。

关键点

- 切换任务是指两个任务对同一神经连结的争夺。
- 用切换任务处理方式，两件事情的完成效率和质量都会受影响。
- 多任务处理指的是两个任务在不争夺同一大脑资源的情况下可以并行。
- 单一任务处理指的是在特定时间内只关注一件事。
- 单一任务处理方式能够帮我们有效改善人际关系，降低生活压力。
- 多留意自己所用的任务处理方式，我们是在做切换任务、多任务还是单一任务，这有助于我们减轻生活压力。

Chapter 14 呼吸、姿势与运动

通过冥想、深呼吸和运动等放松技巧来舒缓生活中的压力，你会感觉更好。

——苏珊·萨默斯

冥想和哈达瑜伽是人们常用的减压方式，但我本人并不擅长，所以关于它们的介绍就留给擅长的专家吧。深呼吸、合适的体态、运动才是本章我要给大家介绍的减压妙招。

调　查

越来越多的研究表明，深呼吸是一种有效的减压方法。这个技巧是需要慢慢地做深呼吸，它会对你的健康产生深远的影响。慢慢地深呼吸能够帮助我们减轻焦虑情绪、调节血压、改善心率、软化血管、激活副交感神经系统，减少身体对危险和压力的“战斗—逃跑—冻结”反应。

呼吸通常是一种无意识的行为，但它也是唯一能影响到你无意识神经系统的行为。而我们的目标就是把呼吸变成一种有意识的行为。当你学会了有意识地调节呼吸，你会非常惊讶地发现，原来它有如此强大的功效：

- 降低血压。
- 安抚情绪。
- 帮助身体进行自我调整。
- 提高认知效率。
- 舒缓压力。
- 使你的声音更加洪亮。

不同类型的呼吸

呼吸的方式多种多样，女性在吸气时通常会挺起肩膀和胸脯，而声乐老师通常会使用胸式呼吸、腹式呼吸和胸腹联合呼吸。我目睹过声乐老师教授学生的过程，他们让学生仰面躺在地板上，把一本书放在学生腹部，让他们吸气和呼气时，观察书的起落。但这种呼吸方式并不能让空气填满肺部，肺是一个独立的弹性器官。横膈膜的形状像降落伞、雨伞或水母，横卧在身体中。它不能自主行动，它的升降取决于身体上部的空气量。

我给自己缓慢深呼吸的方式取名为“背式呼吸”。当我进行深呼吸的时候，我的背部会舒展开。当我练习时，我的呼吸频率（吸气和呼气）大约是每分钟 4 到 5 次，而成年人通常的呼吸频率是每分钟 12 到 15 次。

背式呼吸

- 现在要开始学习“背式呼吸”了，请你在吸气时想象自己背部向外舒展的感觉，然后再慢慢呼气。
- 现在用一秒钟时间做个深深地吸气，然后再慢慢地呼出。
- 在你第三次慢慢深吸气的时候，注意自己背部的舒展。花点儿时间充分体会上半身充满空气的感觉。

顺便说一下，许多歌剧演员都使用这种呼吸方式，因为它比其他呼吸方式更能引起胸腔共鸣，声音更加洪亮、饱满。

当你习惯了背部全面舒展的感觉时，你会发现你的情绪变得平静下来。一旦你在“背部充满空气”的姿势中感觉到了身体的舒适，你就可以经常使用这种技巧了。你在读到下一章的时候会发现，练习深呼吸，是保证自己良好睡眠的第一步。

附加练习

- 首先，在吸气之前，提高你位于胸部中心的胸骨。这将自动提高你的胸腔，提供一个更有效的呼吸姿势。
- 如果你觉得不吸气挺胸很困难，那就把双臂举起来，高过你的头部，呈触碰天花板的状态。

◉ 然后，保持胸部位置不动，放下胳膊，你会发现你的胸部比之前高很多，同时你也应该注意背部的变化。

这种挺胸、肋骨扩张、肩膀放松的姿势是“背式呼吸”的标志。

只要胸骨抬高，你就会产生放松、清醒、可控的感觉。你会发现自己听觉更加灵敏了，思路更加清晰了，表达也更加顺畅了。此时，你的身体能够更高效地运作，因此你能够更高效地接收、储存、检索信息。大脑中氧气充足，可以减轻你的压力。

◉ 慢慢吸气，数 4 个数，保持吸“满”的状态。
◉ 然后，慢慢呼气，数 4 个数，保持排“空”的状态。
◉ 重复这个过程 3 分钟。现在，你已经学会了一个 3 分钟的“压力克星”。
◉ 然后，再练习延长你的背部（肺部）充满空气的时间，从 5 秒开始，逐渐加到 10 秒。
◉ 继续延长你能保持“满”的状态的时间，越长越好。

在这个练习的过程中，你也可以听个广播、看个节目。当你的身体对“满”感到不适时，就开始呼气，使身体变“空”一段时间，感觉舒服了之后，再吸气到“满”的状态。

一般来说，你的身体不会保持“背式呼吸”，但是当你觉得压力很大的时候，练习“背式呼吸”能够帮你有效缓解压力。

身体姿态

下面要介绍的方法看起来不太寻常，但它们已经被研究、证明了很多次，并且哈佛大学的哈佛决策科学实验室（Harvard Decision Science Laboratory）发表了上千份关于其有效性的证明。这个方法与人的身体如何在提高效率时减少压力有关。

- 像超人一样双手叉腰站着，双脚分开，双手放在臀部上方，拇指指向后方，肘部向外，肩膀向下向后。
- 保持这个姿势 60 秒，这个姿势会引起体内化学物质激素的变化，进而影响你的大脑。
- 在进入你认为可能有压力的状态前，保持这种姿势 1 分钟。

当你使用这个技巧的时候，你会发现自己变得更加自信了，也更有掌控力了，这都能有效减轻你的压力。

另外两种能改善体态的方法是亚历山大技术和普拉提。

亚历山大技术

许多演员使用亚历山大技术来增强他们的表现力。这个技术，就像“背式呼吸”一样，需要专注。也就是说，要想使其成为习惯，需要不断练习。这个技术可以让脖子变得修长、腰板挺直，帮助人们保持健康的体态。练习亚历山大技术主要有以下几点：

- 站立时脚跟和脚掌平踩在地板上。
- 挺直腰板。
- 放松臀部。
- 膝盖微微弯曲。
- 伸展颈部不要低头。

这个技术的力量在于，当你的身体保持最佳姿态的时候，你会觉得自己变强大了，一切都在掌控之中，能够帮助你更有效地应对压力。

练习这种技术的一个简单方法，是想象自己被一根绳子从头顶拉起来。当你作出这样姿势的时候，自然会有一种高高在上的感觉。

普拉提

普拉提的精髓是练就一个强大的“核心肌群”。而这里所说的核心肌群是由腹肌和靠近脊柱的肌肉组成的。通过整合躯干、盆骨、肩实现对“核心肌群”的控制。

与亚历山大技术类似，普拉提也强调拉伸和强化，从而改善肌肉延展性和关节灵活性。普拉提和亚历山大技术的教练都需要经过专业培训和认证，但他们各自使用的方法和设备可能有所不同。

普拉提强调正确的脊椎和骨盆正位，专注于平缓流畅的运动过程，会使你的身体变得非常协调。实际上，你是在学习如何控制身体运动。普拉提帮助我们更好地认识身体，时刻保持良好的体态，以及如何轻松优雅地做运动。普拉提还可以提升我们身体的柔软度、敏捷性，是一种便捷、经济的运动方式，它甚至能减轻我们的背部疼痛。在练习了普拉提之后，我的体态、走路姿势都得到了改善，脊柱侧弯也得到了控制，我的身体较之以前更健康了。

普拉提可以使全身各个部位得到锻炼，包括脚和脚踝。这种训练帮助人们更轻松地享受日常活动，更自信地表现，减少受伤的可能性。当身体状态良好时，你的控制力就得到加强，压力也会得到缓解。

运　动

保持体型可以减少压力荷尔蒙的产生，而运动被称为终极减压器。在我因工作瓶颈而离职后的一段时间里，我的情绪很不稳定，但是我几乎感觉不到任何压力。我把这归功于积极的态度和坚持运动。

众所周知，体育运动在减轻和预防压力方面起着关键作用，但这并不意味着你必须成为一名运动员，或是每天在健身房花上几个小时锻炼，才能体会到运动带来的好处。几乎任何形式的体育活动都可以帮助人们缓解压力，消除愤怒、紧张和沮丧的情绪。运动不仅能排解你的情绪，产生让你感觉良好的内啡肽，而且还能使你的业余时间充满价值。

有氧运动可以说是缓解压力最有效的方法之一，它可以改善你的心血管系统，降低你的焦虑程度。专家建议，每次有氧运动至少 15 分钟，考虑到年龄因素，你可以隔一天有氧运动一次，有助于身体得到恢复。如果想达到最佳效果，你应该每周至少坚持三天有氧运动，这样不仅可以改善你的健康状况，还可以改善你的精神面貌。

我现在开始使用跑步机来减少户外跑步对身体产生的负面影响。大多数跑步机都配备了智能分析系统，可以对你的身体情况和运动强度进行分析和反馈。我经常采用冲刺和快走结合的方式进行锻炼，在跑步机上这两种运动都属于有氧运动。骑自行车也属于有氧运动，当然，快走是最容易且最好的有氧运动。

拉伸和力量运动也是锻炼健康的身体所必需的。考虑到这点，瑜伽、重量训练和太极是很好的选择。和其他运动一样，开始的时候一定要慢慢来，然后小幅度增加你的锻炼时间和强度。要记得给身体充足的恢复时间，并且在开始锻炼前，最好先咨询一下你的医生。

营养学家认为有氧运动有助于营养丰富的血液流向大脑，这是一件非常有益的事情。并且，经常运动、保持良好身体状态的人很少生病，他们也很少有心理问题，如抑郁、暴饮暴食、失眠等。缺乏运动，会增加你患感冒、流感或其他疾病的可能性。

如果你发现自己缺乏坚持运动的动力，你可以尝试以下几个方法：

- 你可以去健身房。因为去健身房锻炼要交钱，这可能会给你更多动力。
- 你可以参加社区中心的健身活动。在那里你会遇到和你情况相同的人，你可以交到一些朋友，然后大家互相帮助，可以减轻你在锻炼时感受到的压力。
- 你可以考虑请私教。教练可以更好地督促你健身，帮助你完成自己从未想过能完成的运动。
- 你还可以在电视机前跟着 DVD 练习，在练习时遵循 DVD 中教练的指导。

上面提到的这些方法适用于各个年龄段的人。

运动能够有效减轻你的焦虑感，你的情绪会得到改善，使你更有效地舒解生活中的压力。运动也可以帮助你改善自我形象。你能更好地感受到自我价值，更加自信，这反过来又能帮助你减轻压力。一个自信的人在面对压力时能做到不慌乱。通过运动，你的饮食结构也会变得更健康，你的健康食谱将会被视为压力减轻的象征。

一旦你养成了锻炼身体的习惯，试着把有规律的锻炼纳入你的日常计划。那些需要你活动筋骨的、连续性的、有节奏的运动，能够有效缓解你生活中的压力。选择一个你喜欢的运动项目，这样你才更有可能坚持下去。在你运动的时候，不要过于专注于自己的想法，要有意识地根据运动调整自己的呼吸，多关注自己的身体，这样可以帮助你改变对由压力产生的消极思想。关注你身体上的感受也是避免受伤最可靠的方法。当你坚持运动后，你会发现使用其他的压力管理技巧也变得更加容易，包括与他人接触和参与社交活动。

让运动逐渐融入你的生活，对保持身体健康是至关重要的。你并不需要参加马拉松这种活动才能获得身体上和心理上的释放。除了固定的锻炼时间外，你应该尽量让自己多动起来。比如，你可以放弃电梯选择爬楼梯进行锻炼；把车停在离公司较远的地方，这样你可以多走一段路当作锻炼。自律是很重要的，而且把每一项运动都看成有益的，能够使我们更好地接受它。最关键的是你要抓住每一个可以运动起来的机会，动起来。

这里还有一些其他关于运动的研究成果。比如，运动可以改善大脑的血液循环，促进血管和脑细胞的再生，新神经元的生长有助于避免脑细胞退化。运动现在被人们称作“再生医学”，因为它有恢复和改善的能力。运动还能减缓细胞衰老，起到延长寿命的作用。随着人们年龄的增长，细胞不断分裂，端粒（染色体末端的保护帽）变短。锻炼可以保护端粒，减缓细胞的衰老过程。

有人问道："什么是最好的锻炼方式？"医生回答："最好的锻炼方式是你愿意做的那个！"对于那些想要开始锻炼的人来说，这是个好建议。

久坐如同吸烟一样影响人的健康

人身体存在的意义就是为了动起来。久坐不动的习惯对人们的身体健康和情绪造成了很大的伤害。即使你是一个经常锻炼的人，一天坐着的时间超过 6 个小时也是非常不健康的。当我们长时间坐着，我们的身体会变得迟钝。并且，我们的屁股会变大，因为久坐会促使制造肥胖细胞的体组织变得活跃。久坐的人更容易患糖尿病和其他疾病。此外，缺乏运动也会容易使人变得抑郁。

这里有一些建议可以帮助你抵抗久坐带来的负面影响。

- 在我购买立式办公桌之前，我曾用电脑设置闹钟，15 分钟响一次，听到闹钟后，我会站起来，做一些伸展运动。直到现在，我都经常会做伸展。站起来，手臂抬到肩膀高度向两侧伸展，同时缓慢深呼吸 3 次。这个拉伸动作使我的胸腔得到伸展，能够帮助我更有效地进行呼吸，并且也有利于改善我的坐姿。你能够明显感觉到胸部的伸展，你的呼吸也变得更加舒畅。这其实就是亚历山大技术的一个简单版，帮助我们改善体态、放松神经。

◉ 抬高办公桌是一种可以防止久坐的新方法，但却并不实用。你可以在办公桌底下垫东西让办公桌变高，但是，这种方法却不能让你灵活控制电脑的高度。现在有一种新型立式办公桌，当你想要站着办公的时候，可以自由升降。我现在使用的就是这种新型立式办公桌，你可以自由调整桌子高度。虽然大部分时候我都选择站着办公，但有时我也会降低桌面高度坐着办公，有时我也会站在软垫子上。

尽一切可能来扭转久坐给我们带来的负面影响。

一个有趣的经历

我的朋友给我讲述过一个这样的经历：

多年前有一段时间，我的个人生活压力很大，当时我去看心理医生，他建议我到附近的一个大公园骑自行车转转。

我尝试了这个方法，并且每次都详细记录下我骑行的准确时间和距离。过了一段时间，我向我的心理医生汇报，根据记录显示，我的减压运动并没有取得明显效果。然后我的心理医生让我扔掉自己的记录本，骑着车子在公园慢悠悠转几圈，欣赏一下周围的花草和美景。

我采纳了他的建议，然后发现真的对减轻压力有很大帮助。

关键点

- 缓慢深呼吸能够有效减轻压力。
- 背式呼吸是最佳的呼吸方式。
- 好的体态能够帮助我们更好地控制压力。
- 运动可以有效控制一个人的压力水平。
- 如果你有久坐的习惯，请经常站起来伸展一下。

Chapter 15 睡眠、营养与欢笑

治疗失眠最好的方法就是多睡觉。

——W. C. 菲尔兹

吃饭是为了活着，但活着不是为了吃饭。

——本杰明·富兰克林

欢笑是短暂的度假。

——米尔顿·伯利

睡眠、营养与欢笑这三个话题的相关性很强，而且每个话题都与身体和压力有着特殊的关系。良好的睡眠可以滋养身体，健康的食物能够强健身体，欢笑能促进体内内啡肽的释放，内啡肽是一种让人感觉良好的天然化学物质，能够使人们感到幸福，从而有助于减轻压力。

睡　眠

很多人都有睡眠问题，市场上与睡眠相关的产品和服务组成了巨大的产业链。睡眠不足会影响人们的情绪，并对人们的身体健康产生不良影响。长期睡眠紊乱与心血管疾病和其他一些健康

问题密切相关，患Ⅱ型糖尿病的风险也会增加。睡眠问题还会削弱免疫系统，增加生病的概率。睡眠不足还会影响人们的认知能力，包括记忆力、警觉性和处理问题的能力，使人们变得冲动、不考虑事情的风险、上瘾、暴饮暴食以及吃很多不健康的食物。

进入睡眠后，我们会经历非快速眼动期和快速眼动期。当大脑试图介入和组织信息时，帮助储存记忆的神经元会在快速眼动期激活。移动设备让人们可以一天 24 小时一周 7 天通信，只要按一下按钮，就可以无限观看数字电视电影，很容易熬夜。所以，也难怪很多的成年人无法保证每晚 7~9 小时的睡眠。

有些人认为睡眠少是一种荣誉。但当我们缺少睡眠的时候，也就错失了睡眠为身体健康带来的益处。据调查显示，近五分之一的车祸是由睡眠不足引发的。睡眠不足还会让你产生吃垃圾食品的强烈冲动。

通常来说，入睡时间应不超过 15 分钟。如果入睡时间超过半小时，并严重影响到你第二天的状态，那我们就将其认定为失眠。有失眠症的人不仅入睡困难，而且一晚上会醒很多次。失眠会严重危害到身体健康。

分隔的概念对入睡困难的人很有帮助。当你躺在床上睡觉的时候，大脑会被各种各样的想法占据。但就像火车、潜水艇和轮船有不同的隔间一样，思维也是如此。这对于线性思维的男性来说可能更容易一些，但同样对于倾向循环思维的女性来说也是很有帮助的。睡觉的时候，把你的床想象成一个隔间。隔间是防水的，只允许那些有助于睡眠的想法进入，其他的都会被拒之门外。

想要尽快入睡的一个好方法就是开始做梦。我们也可以将其称之为虚拟梦境。想象自己正在做一些有趣的活动，它必须是正在进行的，并能带来持续快乐的事情。下一次如果你上了床之后，15 分钟内没有睡着，你就可以试试这个虚拟梦境的方法。好好享受，睡个好觉！

避免深夜用餐和饮酒。有些人喜欢在睡觉前喝一杯酒，虽然酒精会让你更快入睡，但坏处是你可能会在整晚醒来好几次。

冥想和瑜伽也可以帮助你轻松过渡到睡眠，有一部分原因是它们可以通过重新集中注意力来帮助你理清思路。在我上床准备睡觉时，我会马上开始背式缓慢深呼吸 4~5 次，直到我感受到背部的舒展（背式呼吸在上一章介绍过）。这个缓慢深呼吸的过程，可以充分舒展胸腔和背部，是进入完美睡眠的第一步。我有时候也会听一些舒缓的音乐，并且经常在 CD 机自动关机之前就先睡着了。

我在睡觉的时候是绝对听不到电话响的，因为我会把手机放在其他房间。

创造舒适的环境，保持房间凉爽和黑暗。睡眠专家建议将空调温度调至 18 摄氏度左右，因为人的体温降低几度就可以马上进入睡眠状态。天气热的时候，只穿一件薄薄的衣服，保持室内空气循环有助于获得良好的睡眠。

虽然锻炼很重要，但睡前不要运动。因为运动可能会使体温上升到不利于睡眠的温度。睡觉时，身体需要处于一个较低的温度状态。但晚饭后散步却是一个很好的运动，可以有效提高人们的睡眠质量。

晚上避免进行过度用脑的项目。你可以阅读一些轻松愉悦的书籍或杂志。如果所有的方法都失败了，那就起床坐到椅子上，你可以在那儿一直看书看到你感到困为止。如果你发现自己才睡了半个小时就醒了，并且很难再次入睡，那就下床吧。坐在椅子上看会儿书，当你看得觉得困倦了，就再回到床上，记得要进行背式呼吸。

早晨的阳光充满了蓝光，与数码产品发出的光线光谱相同。因此，晚上玩儿电子游戏会让大脑错误地认为一天刚刚开始，你可以戴琥珀色的太阳镜，或者用红色或琥珀色的灯罩罩住你的灯。如果你用平板电脑阅读，那么可以调成夜间阅读模式，字是白色，背景是黑色。这些做法都有益于改善你的睡眠。

每天坚持固定的睡觉、起床时间。生物钟是一个古老的系统，是地球上所有生命共有的。它依靠阳光和黑暗、活动和休息的时间来校准自己。我们的内部器官以昼夜节律的方式运作，昼夜节律以 24 小时为一个周期。有规律的睡眠时间是身体保持规律运行的重要方式，但当今社会打乱了我们的生物钟。很多现代活动与自然节奏相冲突。工作或娱乐到很晚，睡前使用笔记本电脑、平板电脑和其他屏幕设备，沉溺于夜宵和其他一些无伤大雅的活动，这都导致了生物钟的紊乱。总之，我们生活在一个昼夜节律紊乱的时代。

经历过长距离跨时区飞行的人都体会过生物钟紊乱对身体的影响，会出现疲劳、失眠、消化问题、头疼、头晕、恶心等症状。时差是生理失调的典型例子，身体通常会在一周左右的时间内进行调整恢复，但有些人会出现永久性的时差反应。

我上夜班的那段时间，为了使生物钟更有规律，我改变了自己的日常生活习惯。护士、消防员、卡车司机、工厂工人以及其他工作时间不规律的职业人群都会受到睡眠不规律的影响。

改变习惯并不容易，但是如果人们能认识到良好的睡眠会对他们的情绪、睡眠质量、心血管健康、减肥计划、反应灵敏度带来长期有益的帮助的话，那么他们一定会作出最大的努力的。我们需要把睡眠和昼夜节律看得跟洗手一样重要。要记住，你每晚的睡眠质量将在白天的时候影响你的胃口和对食物的选择，你晚饭吃得如何也会反过来影响你的睡眠质量。

在我们结束关于睡眠的话题之前，需要对打盹儿做一个说明。最著名的打盹儿爱好者大概就是托马斯・阿尔瓦・爱迪生了，他习惯打盹儿。在我还从事教育事业的时候，如果我一天上 6 节课，提前下班后我会小睡 20 分钟左右。为了不影响我晚上的睡眠，我把打盹儿的时间限制在 20 分钟以内。打盹儿对身体有好处，能让你在一天接下来的时间中重新充满能量。

营 养

越来越多的研究表明，当人们睡眠不足时，会吃更多不健康的食物，这往往会造成他们体重增加。除了良好的睡眠，合理的饮食对你的健康也会产生很大的影响，它可以提升你的抗压能力。我们的身体是白天进食，晚上消食。早饭就像清晨的阳光，可以作为一个时间线索，提醒身体现在是早晨。因此半夜吃零食就是对身体自然节律的破坏，它对睡眠的影响与看电子屏幕或其他照明下进行的熬夜活动是一样的。

下面是一些值得考虑的想法：

- 从关注进食的目的开始。食物是维持你身体运转的燃料。为了让你的身体在所有活动中都能正常运转，你需要摄入高质量的食物。
- 多喝水。水是你身体所必需的，多喝水也是控制饥饿的好方法。
- 避免食用高脂肪、高糖和高盐的食物。这三种成分含量高的食物会对你大脑中的化学物质产生影响，让你有一种想吃更多的欲望。
- 健康饮食，选择蔬菜、全谷类、高纤维食物和蛋白质含量高的瘦肉，如鱼、瘦肉、去皮的家禽和豆类。限制摄取糖和饱和脂肪含量高的食物。

有些人觉得把水果和其他食物分开食用很荒诞，但你可能会发现它值得一试。如果你是那种吃酸性水果会肚子胀的人，那就不要在正餐的时候吃水果（香蕉、梨和苹果可以在吃饭的时候一起吃）。原因在于，消化水果和消化其他食物，身体所进行的化学反应是不同的。如果你吃酸性水果的时间太接近吃饭时间，尤其是大餐，水果在你胃中保存的时间就会变长，并开始发酵。如果你在饭后感到腹胀、打嗝、消化不良或胃灼热，可能是你把酸性水果和其他食物混在一起吃了。在早餐前吃酸性水果或甜瓜，可以帮助你清洁肝脏、排毒。在上午或下午用水果代替零食对你的身体更有好处。

随着年龄的增长，我们似乎越来越能体会到进食的愉悦，但身体对食物的需求却越来越少。我曾尝试根据我的身体年龄调整我的饮食结构，也许你会问我是否觉得控制饮食是对自己权力的剥削呢？从没有过！我个人很喜欢朱莉·安德鲁斯（Julie Andrews）的人生哲学：

> 有些人认为纪律是件苦差事。但对我来说，正是秩序才能让我如此自由地翱翔。

俗话说“我们养成习惯，习惯造就我们”。身体可以适应不吃早饭，也可以适应吃垃圾食品，但在本章中，我们重点讨论的是如何强化身体以减轻压力。不用说，这个话题对许多人来说是非常敏感的。考虑到这一点，我下文所写的只是自己的一些做法，只是从个人角度提供一些营养方面的建议，要知道我们每个人都是不同的，所以需求也各不相同。

- 首先，我从来不节食，因为在我看来始终保持合理的饮食比节食健康得多。
- 另外，就算我在减肥，我吃的食物也会跟之前完全一样，我不会因为减肥就改变自己的饮食结构。
- 此外，我还认为节食会导致挑食。

第七章“制定程序”中解释了制定程序是成功完成事情的关键。在进食之前，我会决定好食量，把多余的食物放到一个空盘子里。另外就是，慢慢吃。慢食可以给我们带来很多好处，如有利于食物的消化吸收，身体可以更好地发挥水合作用，能够帮助我们更好地控制食物摄入量，有助于减肥和保持体态，还可以增加我们对用餐的满意程度。所以我想表达的就是：放慢你的进食速度，享受更健康的生活。此外，早餐和午餐过后，我会喝半杯咖啡。这既能提神，又能避免摄入过多咖啡因。在晚餐时，我会通过喝水来控制自己的食欲。

随着年龄的增长，我们的新陈代谢会减慢，和年轻时相比，同样的饮食量体重可能会增加。青春的苗条渐渐消失，衰老的身体开始显现。当我们看着年轻人美丽的面庞，也会想要重获青春的容颜，所以我们开始节食。据报道，美国每 5 个人中就有 1 个在节食减肥，但大多数人并没能坚持下去。大量的科学证据告诉我们，节食并不能促进持久地减肥。事实上，很多节食减肥的人会发现自己不但没有减肥反而增肥了，然后他们就会灰心丧气地不再节制。但节食仍然很有吸引力，因为它可以在短期内快速使人体重下降。

人们有这样的心态，通常是因为只关注眼前的效果，并没有考虑长久有效的方式。而持久有效减肥的最佳方式，是一点一点改变你的饮食习惯，从一些小小的变化慢慢累积。其有效的原因是，一种缓慢、稳定的方法可以让你按照自己的节奏来调整新的日常生活，而不需要像节食那样突然一下做很大改变，使得身体吃不消。

营养均衡的人能更好地应对压力，因此我很注意自己的饮食。我会在起床锻炼完之后吃早餐，因为我相信这两项活动有助于我一天都能保持最佳状态。我的座右铭是："早餐吃得像国王，午餐吃得像贵族，晚餐吃得像乞丐。"（还有，为了减少晚餐暴饮暴食的冲动，当我觉得吃饱了的时候，我会立刻喝水。）

减少咖啡、软饮料和含糖零食的摄入量，你会感觉身体变得更轻松，从而可以有效提高你的睡眠质量。我只有在吃枣、葡萄干或新鲜水果的时候身体才会有糖分的摄入。在我戒掉甜点之后，我也并没有觉得生活中少了什么。我从来不吃添加人工甜味剂的食品，因为它们含有对身体有害的成分。软饮料、含糖零食和深加工的快餐真的会影响大脑回路，会让你想吃更多没营养的食物。

我会按照“地中海饮食”的建议，每天喝一小杯葡萄酒，但绝不会贪杯，因为我对酒糟鼻很敏感。酒糟鼻是一种会让脸颊和鼻子发红的疾病，由血管发炎引起。我在 20 多岁的时候就戒了烟，35 年后，当我的舌头对雪茄也变得敏感时，我又戒了雪茄。

我吃沙拉的时候通常是不放沙拉酱的，有时，在快吃完一盘沙拉时，会稍微加一点点儿，这也就是为什么我的味蕾到现在还能保持很高的敏感度。我很少在两餐之间加餐，只是偶尔吃烤的东西，烤面包是我的最爱。

要想养成好习惯需要时间、耐心和决心，你在前进的道路上不可避免地会遇到挫折。但关键是永远不要放弃，通过短短几个月的努力，你可能会发现已经踏上了自己真正渴望的生活之路。

欢　笑

> 我曾经尝试不沉迷于社交媒体，尝试在 Facebook 之外交朋友。我每天出门会跟每一个我见到的人分享我今天吃了什么，感觉怎么样，白天都做了什么还有明天会做些什么。我还会给他们看我的家人、狗和花园的照片。我还会耐心听他们说话，因为我真的非常享受分享这件事。然后它也确实见效了，现在总共有三个人每天追随我，两个警察，一个精神病学专家。

幽默和笑声会促使体内释放让人感觉良好的人体天然化学物质——内啡肽。内啡肽会让人们产生幸福感，减少压力带来的负面影响。欢笑能让你感觉快乐，快乐是可以传染的，笑声也是可以传染的。当你笑的时候，你会有一种很愉悦的感觉，即使在你笑过之后，这种感觉也会一直伴随着你。欢笑是幽默的产物，它能帮助你在困境、失望和伤痛中保持积极、乐观的态度。欢笑是一种免费的药物，不用花一分钱，就能够给人们带来快乐，并且使用起来非常简单。

没有什么比开怀大笑更能让你的身心保持舒畅。欢笑是克服问题、修复关系、保持身心健康的良方。欢笑可以保护心脏，改善血管功能，促进血液循环，有助于预防心血管疾病。

欢笑赋予人们寻找人生意义和希望的勇气与力量。即使在最困难的时候，一声大笑或者哪怕仅仅一个微笑，都能让你感觉好一些。有这么一种说法，嘴角的方向决定了你的一天。在我做演讲的时候，我总会建议听众在感觉自己要发火的时候，先笑一笑，然后再面向对方，对他说："我很生你的气。"尝试一下这种方法，你会发现笑对你的情绪产生的积极影响。

笑能化解人们痛苦的情绪。当你微笑、大笑或讲笑话时，你是不会感到焦虑、生气和悲伤的，而这些情绪正是压力的重要来源。这个简单、自由的行为可以带给你更多力量，让你保持专注，取得更多的成功。幽默可以帮助你以一个更现实、更积极的角度看待问题，帮你创造了一个健康的视角，在你不知所措的时候能够很好地帮助你渡过难关。

以下是一些可以为你的生活增添幽默和笑声的建议：

- 关注一个有趣的公众号，每天读一个笑话。
- 读一些有意思的书。
- 看一些浪漫喜剧片。
- 经常跟你觉得有趣的人聊天。
- 给别人讲笑话。
- 买或借一本笑话书。
- 和朋友一起举办一个游戏之夜，你会发现组织游戏比游戏本身更有趣。
- 干点儿傻事。
- 多花些时间陪孩子玩儿。

你可以通过以下方式展开行动：

- 大笑。“笑疗法”的专家表示，即使没有有趣的事情，只要你站着大笑15秒，就一定会觉得很有趣。
- 想想生活中发生的愉快事情。就算只是简单想想生活中发生的好事，都能帮助你远离消极的想法，消极的思想是欢笑与幽默的克星。当你感到悲伤的时候，你更需要幽默和欢笑。想想你生命中曾经的幸福时刻，当你知道感恩的时候，你的人生也会更快乐。

- 花点时间和爱玩的人在一起。爱笑的人善于发现生活中的乐趣。他们的幽默和笑声具有感染力。
- 学会幽默对话。经常问别人："今天你听到或发生在你身上最有趣的事情是什么？""这周？""不，是在你的整个人生中。"

能帮助我们获得快乐的一个方法就是别太把自己当回事儿。但不幸的是，有一些人是从消极的性格中获得满足的。那些喜欢紧咬双颌、不苟言笑的坏脾气者需要培养一种新的心态、一种新的视野，才能无压力地生活。

有些事情很明显是悲伤的，不会让人想笑。但生活中的大多数事情既不会让人感到悲伤，也不会让人感到快乐。他们往往陷入普通生活的灰色地带，不知道应该选择笑还是不笑。

最后，我们来说点其他值得思考的事情。有时我们会做些平常不做的事情，虽然可能是蠢事，但却能给我们带来欢乐。学会自嘲，跟他人分享自己的尴尬时刻。有一个好方法能让你变得不那么严肃，那就是说说你太把自己当回事儿的那些事情，然后自嘲一下。找到那些场景中好笑的部分，然后对其中的讽刺和荒谬一笑置之。晚上仰头看看星空，然后想想你的问题其实是多么微不足道。时刻提醒自己，让自己轻松起来。在你的桌子上或车里放一个搞笑的玩具，贴一张有趣的海报，选择一个有意思的电脑屏保，或在附近放一张能唤起美好回忆的照片。

正确看待生活。生活中有许多事情是我们无法控制的，尤其是他人的行为。虽然，你可能认为把拯救世界的重担扛在自己肩上的行为是令人钦佩的，但从长远来看，这样做既不现实，又不健康。相反，我们应该把关注点放在一件件小事上，对于我们而言，生活中一点一滴的小事，才是有意义的。

关键点

- 选择和多练习是有助于我们入睡的方法。这些方法在成为习惯前，需要我们不断练习。慢慢地“背式深呼吸”就是一个很好的方法。
- 不要吃夜宵，也不要睡前喝含酒精的饮料。
- 我们年龄越大，对食物的渴望也就越强，但是身体所需却恰恰相反。所以，我们应该根据自己的身体年龄调整自己的饮食结构。
- 如果你想吃些垃圾食品，请三思。
- 在你开始吃食物前，你要制定一个计划，自己本次进食准备吃多少，然后按照计划进行。
- 幽默和笑声是减轻压力的灵丹妙药，让它们融入你的日常生活。

Part 5　小结

当你能够很好地区分多任务、切换任务和单一任务，你的人生会变得更加可控，压力水平也会降低。正确的呼吸和姿势能够使身体即使在紧张的情况下也能保持高效的工作。运动是保持身体正常运作的关键，也是处理压力的最佳方法之一。要想保持健康的身体，充足的睡眠、营养和欢笑是必不可少的，这三者都是能够有效降低压力的好方法。

总　结

转换任务是两个任务为夺取同一个神经连结，相互竞争的形式。多任务是两个任务同时进行，但是却相互不冲突。单一任务指的是大脑在特定时间只关注于一项任务。

我们可以通过不同方式进行呼吸练习，最有效的呼吸方式是让肺部充满空气，背部舒展放松。姿势最好是站得笔直的“高贵姿势”，抬头挺胸。运动是有效应对压力的好方法，久坐对人体有害，人是为运动而生的，要时刻动起来。

睡眠对保持身体健康起到关键的作用，而且有利于减轻压力。营养充足也同样有利于身体健康、长寿和有效缓解压力。另一个可以有效减缓压力的方式就是笑。幽默和欢笑会促进内啡肽的释放，能够让人们感到幸福，从而降低人们的压力。

结　论

学会在切换任务、多任务、单一任务中谨慎地做选择。正确的呼吸、良好的姿势和运动有助于减轻压力，充足的睡眠、均衡的营养和欢笑也有同样功效。

Part 6

子女教育与压力

培养孩子的责任感

了解自己、了解孩子

育儿的奖惩之道

教育子女需要创造性的努力，是一门艺术，而不是一门科学。

——布鲁诺·拜特黑姆

当父母在教育孩子的时候，更重视责任而不是服从，育儿就会变成一件有趣的事情。教育以服从为目标时，压力就会增加，因为孩子的需求很难与父母一致。反过来，当父母在孩子面前强调责任感时，服从就会自然而然成为次要的。在第十六章“培养孩子的责任感”中，主要会介绍如何培养责任意识（纪律意识），如何帮助我们减轻育儿压力，正确处理孩子的行为问题。

在第十七章“了解自己、了解孩子”中我们会讲到，了解自己和孩子的性格能够有效减轻压力。如果父母更注重思考和行动，孩子更注重关系和感受，那么双方必然会起冲突。如果父母清楚自己的性格，也清楚孩子的性格，那么双方起冲突的概率会大幅降低，并且有利于改善父母子女的关系。尤其是父女之间，性别差异会产生不同的性格和行事风格。

在第十八章“育儿的奖惩之道”中，主要介绍了如何对孩子进行有效的奖惩措施。奖惩是一种常见的育儿方法，但是家长通常会陷入一个思维怪圈，就是他们认为要想让孩子对自己的行为负责，就要时刻给孩子奖励。父母有责任培养孩子形成正确的道德品质和价值观，而不是仅仅用糖果和贴纸来奖励孩子。作为父母，无论孩子是否知道我们在关注他们，我们都希望孩子能建立成熟的价值观并且得到提升。

考量奖惩是否有效的关键：当周围没有人时，它们的效果如何。此外，对预期行为的奖励和惩罚是同一枚硬币的两面。想得到奖励的人会问：“如果我做了你想让我做的事情，会有什么奖励？”而不想被惩罚的人会问：“如果我没有做到你想让我做的事情，会受到什么惩罚？”这两种问法，都会使人压力倍增。

Chapter 16 培养孩子的责任感

对于很多人而言，纪律代表着惩罚，但事实却不是这样的，纪律代表教授。与惩罚不同，纪律应该是帮助和引导孩子实现自我控制的积极方式。

——训导：《家长指南》，全国家庭教师协会，1993 年

育儿应该是一件愉快的事情，但当孩子不听话的时候，你会怎么做？通常你会生气，然后施行一些带有胁迫性质的手段，比如威吓、惩罚，当然也可能使用一些操纵手段，如提供奖励贿赂。这些都属于外部刺激手段，运用这些手段总会造成压力，而且还容易使孩子产生反抗、委屈、怨恨，甚至反叛心理。

造成这种紧张和敌对关系的主要原因是，用这种方式形成的权威是带有胁迫性和强制性的。当父母逼着孩子听话时，他们就会陷入权力的怪圈，因为强迫并不能使孩子产生自身想要改变的欲望，反而会使孩子产生逆反心理，而逆反心理是人们面对控制的一种本能反应（这种现象会在第二十一章“逆反心理”中做详细介绍）。

小提示

总是有家长问我，在跟孩子交流的时候，有没有什么词能代替“不”。我告诉他们，可以说“现在还不行”。“不”这种回答容易使父母子女间的关系破裂，而“现在还不行”既能达到“不”的效果，又不会破坏关系，因为这种回答中带着希望。

当你想让孩子去做一件事情的时候，要求是效率最低、压力最大的方法。你喜欢被别人要求必须去做某件事的感觉吗？没有人喜欢。原因之一是，你在要求别人必须去做什么的时候，其实也在侧面表达他（她）之前做得不够好，必须改善。没有人喜欢听这种话。你通过自身的经历也可以知道，要求并不像我们想的那么有效，这不是简单地做填空题。“如果我要求你一次，那我已经说了很多次了！”如果光靠说说就能起到作用，那你连重复都不用重复，你的孩子在听你第一次要求的时候就会马上去做你要求完成的事情了。

要求会存在问题，主要有以下一些原因：

- 在童年之后，要求往往又被理解为试图控制。
- 要求往往会使人产生一种防御心理和抗拒倾向，尤其是要求对方进行一定改变的时候。
- 要求暗示着要在一些方面作出改变。人们不抗拒改变，但是抗拒被别人要求改变。

- 人们都喜欢控制他人，但不喜欢被控制。而青少年尤其看重自身独立性。
- 要求一个人要有责任感是行不通的。责任感不是靠强加产生的，而是靠个人意志产生的。

如何避免运用强制手段，比如"要求"这种，在本书的第二章"思维与行为"中已经进行了详细的介绍，让我们简单回顾一下：

首先，在交流的时候采用积极的语言。
其次，列出所有可能的选择。
最后，试着向自己提出反思性问题。

一旦你开始做自己想做的事情，沟通就会容易很多。一旦你开始实践，做选择也会变得容易。提问反思性问题需要技巧，你可以通过练习来不断强化自己提问反思性问题的能力。

下面是一些能够帮助青少年想要作出改变的反思性问题：

- 成年人碰到这种情况会怎么做？
- 从长远来看，这样做对你自己是有帮助的吗？
- 自己是否已经成熟到可以独立完成这件事，还是需要别人的帮助？

另一种方法是简单地分享建议以促进反思：

- 想一想从长远来看，怎么做对自己才是最好的。
- 想一想如果事情发生在自己身上，你会作何感受。
- 你做过什么事情让你感到很后悔。

培养责任心体系

在很多关于纪律的书中都有与培养责任心相关的内容，包括一些在大学中广泛使用的关于纪律管理的专业书籍，内容也都有所涉及。我的作品《零压力管教法》一书中对培养责任心体系作了非常详尽的介绍，为了让读者更了解这个体系，对这个体系更有信心，我在这里冒昧地分享一些书评。

> 马歇尔所提出的培养责任心体系具有其他纪律制度所没有的优点。老师们非常认同这个观点，它注重培养责任感，责任感是一个终身受用的良好品质。它可以消除老师和学生们在一般纪律体系中感受到的压力。它很容易理解，而且运用和实践起来也非常方便。它之所以能长久有效，就是因为它能够对性格产生影响。教育家们发现这套体系具有非常明显的优势，因此对马歇尔的理论模型非常感兴趣。
>
> ——C.M. 查尔斯，《零压力管教法》，第八版，2005 年

这一系列的工作巩固了您在当今教育教学方面的权威，帮助您同各个年龄段的学生进行有效的沟通交流。

——C.M. 查尔斯，《零压力管教法》，第十一版，2014 年

这个体系完全是根据我的自身经历创造出来的（包括作为一位家长）。我当过多年的咨询师，担任过小学、初中和高中校长，还担任了七年的地区教育总监。

全球的家长都在用责任心培养体系这个方法来降低育儿压力，处理孩子在行为上的一些问题。

为了进一步鼓励您学习和使用责任心培养体系，接下来我会与您分享我收到的关于该系统的数百封来信中的一封。看看有两个孩子的父母是如何使用这个系统来减轻育儿压力的，以及父母是如何在没有压力和强迫的情况下控制孩子的行为的。你会发现没有其他的纪律方法能像这种方法一样简单有效地培养孩子的责任心。以下是这封信的内容：

当我所在的小学第一次实施责任心培养体系的时候，我一度觉得这个项目在我的班级肯定无法成功实施。我一直觉得我给我的班级创造了一个积极的学习环境，坦率地说，我当时觉得这个系统似乎只会成为课堂管理文件中又一个昙花一现的东西。

但读完马歇尔博士的书《零压力管教法》之后，我觉得，在我把这个方法运用到班级之前，我应该先在家里试试，我家有两个处于青春期的孩子，所以能在家里营造

一个没有压力的氛围真的很吸引我。我告诉我的孩子们家里的压力有多大，并和他们简单分享了一些我在他们身上“试验”的内容。

那天晚些时候，我听到我的女儿砰地摔门，并对着她的哥哥大喊大叫。要是以前，我肯定会立刻冲进去，不假思索地进行干预。但这次，我冷静地问女儿：“你觉得你正在做的事情有用吗？”我女儿停了下来，看着我说：“哦，这就是你说的你想在学校尝试的新方法，对吧？好的，那么，我的回答是，不！这没什么用。”然后我问道：“你做的事情符合我们家的规矩吗？”她叹了口气：“不符合。”我说：“你能告诉我家里对吼叫是如何规定的吗？”她回答，家里不允许大吼大叫，如果要说什么，心平气和地说就好。最后我说：“好吧，那你觉得我们应该如何处理这件事呢？”

我建议她回到自己的房间，想一想应该怎么处理她和哥哥之间的矛盾。过了一会儿，她回来了，对我说她想和哥哥聊聊。然后，她先是为冲哥哥大吼大叫给哥哥道了歉。接着，她向我们说道：“我想，惩罚自己三周内不能上网、不能打电话、不能跟朋友一起看电影，可以吗？”她开始一条一条列出来，我们都惊呆了。

说实话，这是第一次她如此平静地为自己的行为承担责任。接下来的三周很有意思，她接电话的时候会跟朋友回复说：“我现在不能打电话，因为我父母……不，是我自己在惩罚自己。”

从我们家实施这个体系开始，生活就变得越来越愉快。事实上，孩子们对自己该做什么、不该做什么心知肚明。让他们承担更高层次的责任会使我们的生活更加和谐。

感谢！

——温蒂·霍尔，维斯塔维亚，亚拉巴马州

行为等级教育法

这种方法具有主动性，而不是在行为问题出现后才作出反应。当你的孩子开始说话了，你就可以开始教他个人行为的四个等级。这四个概念是处理所有行为问题和培养责任心的基础。

我们用一组图来对这些概念进行初步阐释，使您先有一个框架式的理解，稍后我们再进行深入说明。

请注意，A 级和 B 级指的都是不可接受的行为，C 级和 D 级指的都是可以接受的动机。

A 级行为，是行为的最低级别，年轻人可能会随意踢房间周围的垃圾。自然，这一水平的行为是不可接受的。**A 级阶段**的人需要通过成年人阻止并控制其行为。

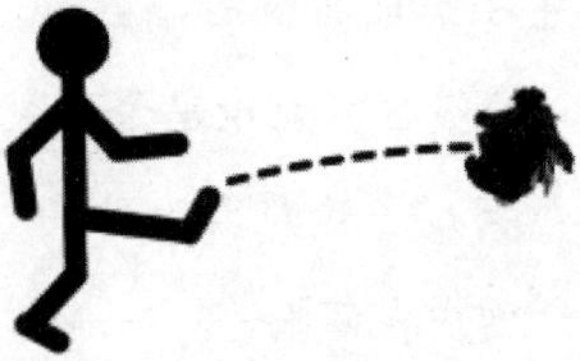

B 级行为（指挥、欺凌、打扰）的人可能会捡起垃圾，但随后会将其扔给他人。这个水平的行为也是不可接受的。在 **B 级阶段**的人也需要成年人来控制。

C 级动机（合作 / 合规）是**两个可接受级别**中的第一个。年轻人会根据成年人的要求（外部动机）捡拾垃圾。

请注意年轻人的心。这表示年轻人与成年人合作时会产生美好的内在感受。

D 级动机（自主）是最高级别。在这个级别，年轻人会主动捡起垃圾并将其放入垃圾桶，**无论是否有人问或有人在看。**

注意这一境界的高度。这是因为当一个人主动去做正确的事情时，就会得到很大的内在回报——一种幸福的满足感。

注意：让孩子学习这些概念是至关重要的，因为并没有直接提及孩子的行为，但是这些概念永远是孩子作出选择的参考。

成功取决于父母的教导和自己对概念的学习，这种观念再如何强调也不为过。这就是“主动”的意思。师父领进门，修行在个人。请记住，正是行为等级的影响（年轻人如何成熟）才使学习这四个概念变得非常有价值。令人高兴的是，当人们在任何年龄段遇到各种经历和挑战时，都可以使用这四个行为等级作为生活决策的依据或参考。

在实践中，这些概念称为级别。与任何等级制度一样，最高级别位于顶部，因为人们自然渴望达到最高级别。

D 级——自主（最高级别）

- 发展出自律
- 展示主动性
- 有责任心
- 做好的事情，因为它是正确的

受内部动机影响

之所以使用“自主”一词，是因为自主与责任密不可分。在这个级别上的行为动机会给自身带来最大的满足感，是健康自尊的主要贡献者。

C 级——合作 / 整合

- 体贴
- 合作
- 遵守
- 符合

受外部动机影响

在这一级别上的行动往往是由合作的动机所推动的。生活中我们大多数人都处在这个级别上。其他类型的外部动机可以是取悦他人、获得奖励或避免负面影响。但是这一级别也存在危险，如果青少年对同伴盲目服从，这可能对他本人并无好处。

由于其基本特征，需要再次作出强调的是：这两个层次（D 级和 C 级）之间的差异在于动机，而不是行为。例如，一个人被要求捡垃圾并照做了。采取行动的动力来自外部，因此被称为 C 级——外部动机。但是，如果年轻人看到了垃圾并主动捡起，而不是在他人要求下做的，动机将是 D 级——内部动机。在 C 级和 D 级中，处理垃圾的动作相同，区别在于动机。我们通过教授行为等级的这些概念，使人们可以意识到自己的**动机**：**外**部的还是**内**部的。

回顾第三章“内部、外部驱动力”中的案例，将有助于解释外部动机如何在我们的生活中发挥作用。一群年轻人抽烟，一个年轻人希望加入这个团体，最简单的方法就是做跟他们一样的事情。这个吸烟的小团体中并没有人对他说：“想加入我们吗？我这有烟，抽一根吧。”并且这种情况永远不会发生。新来的人开始吸烟是因为他 / 她希望受到团体成员的喜欢——去融入。这个概念解释了为什么年轻人想要打扮和行动得像他们的同龄人一样的原因。但是，一旦年轻人处于自主行为动机的等级中，他们就有权抵抗任何不符合自己利益的负面同伴影响的诱惑。年轻人应该逐渐学会理解和阐明内在动机与外在动机之间的差异。一旦你开始了解差异，你就会为它的力量感到惊讶。

这两个较高的**动机**水平描述了大多数文明社会和文化价值观中负责任的人们如何生活。

行为的两个较低级别是不可接受的。

B 级——霸凌 / 指挥

- 指挥他人
- 霸凌或打扰他人
- 无视纪律并制定自己的标准
- 只有被管束才能行为有礼

这个级别的特征是缺乏冲动控制，缺乏对他人的考虑以及表现出不适当的行为。处于这个级别的人表达的信息是："控制我，因为我没有能力或不够成熟，无法控制自己。"

A 级——无规则（最低级别）

- 无规则
- 无目的、混乱
- 无约束

此级别的行为特征是混乱、失控或不安全。

注意：讲完各个级别后，无须花时间区分 A 级和 B 级。这两者都不可接受。

每个人都会经历各个行为等级，甚至是每天都会经历。例如，当你极度愤怒时，很可能不会注意到自己的行为对他人的影响，这时你会变得任性自我（A 级）。如果你开车行驶的速度超过了速度限制，那么你就是在制定自己的道路规则（B 级）。如果你彬彬有礼并且会为别人考虑，你的动机可能是来自于他人要求或者对他人的模仿（C 级），也可能来自内心，因为你认为这是正确的做法（D 级）。

等级制度使年轻人产生了一种负责任的行为欲望，因为他们自然向往最高级别的境界。他们还学会识别不适当的同伴影响、欺凌行为和不负责任的行为，以便不受它们控制。此外，D 级给人们带来了 C 级无法带来的满足感，如第三章中提到的例子：一位妇女发现自己不想回到市场向收银员支付她忘记付款的 10 美分青柠檬。

询问（检查理解）

第二个阶段（如有必要）是基于这样一个简单的事实，即问问题的人在谈话中具有主导地位。你从自己的经历中就会有所感悟。当你走进一家商店，售货员问你："你好吗？"你会有一种要回答的自然冲动。那么，你和别人交谈时，对方突然问你一个问题，你会像独白一样自言自语，还是回答对方的问题？当然是很自然地回答对方问题。要点：

通过提问来主导对话，是检查对方理解的重要方法。

如果一个年轻人在不适当的行为水平（A 级或 B 级）上采取了行动，并且继续不负责任的行为，我们就要实施第二个阶段。一个人不管想要在哪方面作出改变，首先都需要对自己有一个清楚的认识。这一步要求年轻人进行反思，从而意识到自己的行为是处于不被接受的水平上的。

通过询问确定自己所选的行为，需要参考一些外部因素。这一步至关重要，因为这种方法能够将个人与行为、表演与演员、好孩子与不当行为分离开。这种分离完全超出了人们能为自己行为辩护的范围，而正是这种自我辩护的本能导致了强烈的逆反心理。如果你曾经在工作中被评估过，那么你可以通过回答下面这个问题，看自己是否能将个人和工作表现分离，问题是这样的：在评估会议上，你能区分自己和自己的工作表现吗？如果可以，那么你真是个奇才。

首先介绍各个行为等级，然后再通过询问检验理解，就能够解决大部分纪律问题。原因主要有两方面：一是反映是诱导改变的最有效途径；二是该方法不具有强制性。这个方法只是帮助年轻人认识到自己所选择的行为等级。反映是快速产生的，所以人们不会产生抗拒心理。因为没有提及人的行为，所以完全绕过了这种自我保护的本能。

诱发（引导选择）

如果年轻人在知晓了行为发展等级，并且已经了解到什么是恰当的行为，什么是不恰当的行为，但仍旧继续自己不恰当的行为时，那么我们就要用最后一步——诱发。通过诱发的方式，产生一个结果或者步骤，以阻止年轻人未来不付责任的行为。这种方法与通常的强制方法不同，强制方法通常会导致负面情绪、受害者心态以及不情愿和反抗。

成年人以一种非对抗性的方式表示出孩子的行为所处的水平是不被接受的，然后问孩子："你建议我们怎么处理？"然后继续问："还有什么？""还有什么？""还有什么？"直到父母和孩子达成共识，这样的处理方式能够帮助孩子以后不再犯同样的错误。

责任心培养体系的优点：

- 适用于任何年龄段。
- 成年人有控制权，因为成年人一般是提问题的一方。
- 因为年轻人可以作出选择，所以维护了他们的自尊心。
- 指的是一个层次，而不是行为本身，行为是从行为者中分离出来的。
- 由于没有提及特定人的不当行为，这个年轻人不易产生逆反心理。

- 可以培养人们提高责任心的动机。
- 能够进行冲动控制，减少受害者思维，帮助人们更好地生活。

最后要强调的两点：

- 你可以控制你的孩子，但你无法改变他们。人们只能自我改变。所以当你想改变他人的时候，先想想自己愿意作出怎样的改变。
- 著名精神病学家威廉·格拉瑟说：不教年轻人如何生活就像让他们玩游戏却不告诉他们游戏规则一样。

关键点

- 纪律应该是帮助和引导孩子实现自我控制的积极方式。
- 责任心培养体系有三大部分：教授（行为等级）；问询（关于行为等级的反思性问题）；诱发一些后果和程序。
- 责任心培养体系完全是非强制性的，但决不允许违背。
- 学习人类行为等级结构会促使人们对一个人的内在动机和外在动机进行反思。
- 通过反思性问题来进行自我控制。

Chapter 17 了解自己、了解孩子

橡果可以长成巨大的橡树，但不管你怎么努力，它都不会长成巨杉。所以我们要善于发现并培养孩子的天性。

——吉姆·卡斯卡特

多年以来，卡尔·荣格的“强迫选择”法发展出了多种多样的人格测评。如果你做过这类测试，你可能会发现，即使是在两个对立的选项中做选择，你依旧觉得很困难。例如，你的性格是内向还是外向？你选择的结果可能是更具代表性的，但并不意味着完全排除另一个。因此，所有通过强制选择方法设计出来的测试都是人为地试图分类和描述。如果我们能记住这一点，不要把结果归于这样一类的清单，那么这些关于性格方面的描述还是有作用的。

人格类型

瑞士精神病学家卡尔·荣格（Carll Jung）是对人的行为和人格类型进行分类的第一人。人格类型没有好坏对错之分，人格只有不同，没有优劣。荣格认为，人的性格和行事风格是由基因决定的。要想了解一个人的行事风格看看他们小时候就知道了，你会发现他们会选择不同的方式处理自己的事情。荣格曾经说过，每个人都会在以下四个主要的行为功能中发展出一个首要的意识取向：直觉、知觉、思维和感受。

父母人格清单

人格清单有很多不同的形式、符号和命名方式。我收集了12份清单，并且创建了下面这个测评方式。这个测评表方便使用并可快速实施，不仅可以用于育儿相关场景，也可以在工作场所、家庭和其他情形下使用这个方法。

在所有关于人格类型的研究中，有四个指标可以帮助父母更好地理解孩子、同孩子相处。

一个全象限坐标轴能够帮你更好地记忆性格类型。纵坐标正方向代表理性型，负方向代表感性型；横坐标正方向代表协调型，负方向代表实干型。

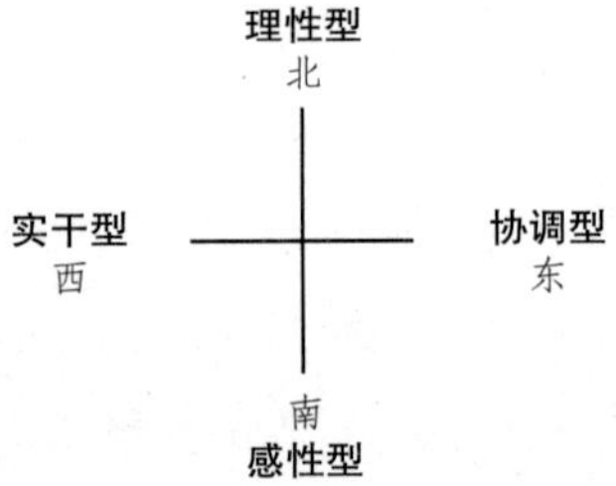

理性型的人善于分析，在处理事情时，会运用大脑处理大量信息。感性型的人在采取行动时，一般是受情感驱使，而不是靠认知行动。实干型的人更在乎结果，而协调型的人认为良好的人际关系更重要。

横、纵坐标轴只是构成这幅图的一部分，点可能并不会落在坐标轴上，而是落在象限中，如第一象限、第四象限等。我个人的性格偏向于理性型 + 实干型，所以我的性格类型处于第四象限。我的妻子是一位作家，属于理性型 + 协调型，所以她的性格类型处于第一象限。我的女儿却是个容易受情绪影响、喜欢社交的人，所以她是第二象限性格类型。

了解女儿的性格类型之后，我和妻子也就更能理解女儿的行为和她作出的一些决定。了解孩子的性格类型，可以在育儿方面更好地帮助父母，而且有利于父母与孩子建立良好的关系。夫妻之间也是如此。知道妻子是一位重视沟通交流的人，使我改变了“继续干自己的事情”的冲动，我会花更多的时间去听她想说什么。

想一想，橡果如果种得好，给其足够的营养、适宜的环境，小小的橡果就会长成一棵巨大的橡树，但它永远也不会长成棕榈树。如果你的孩子天生就是一棵棕榈树，那不管你做什么，他都不会变成一棵橡树。当你在培养孩子的时候重视让孩子随天性发展，育儿会变成一件轻松有趣的事情。

了解不同人的处事风格，有利于人与人的沟通交流，建立和谐的人际关系。当你知道了年轻人的思维方式，并试着去理解他们的时候，你会发现你的压力感会下降。

有一个以上孩子的父母很容易理解每个孩子都是与众不同的。他们不需要什么社会常识，在孩子很小的时候，就能发现孩子间的差异。所以问题就来了，为什么知道孩子之间天性的不同可以帮助我们减轻压力呢？如果你是一位父亲，有个女儿，你会经常有想要帮她处理她生活中遇到的困难的倾向。但是，如果你女儿的性格类型属于感性型，那么帮她“处理”问题可能并不能带来好效果。情况很有可能会变成，你的女儿即使听了你说的话，也不知道你到底想让她干什么。而这种情况往往会使父母感到挫败，孩子也觉得父母不了解自己。

了解孩子的性格，多听听孩子的意见，能够让你在育儿的过程中感到轻松愉快。就像你不希望学校的老师打击孩子的信心一样，你自己为什么做不到多鼓励孩子呢？毕竟，父母是孩子的第一任老师。

关键点

- 孩子的性格在一定程度上受遗传的影响。
- 当你能够顺着孩子的天性培养孩子的时候，育儿的效果、成效和乐趣都能得到大大的提升。
- 进行性格评估可以帮助你更好地了解孩子的性格，改善你与孩子之间的关系，减轻你和孩子的压力。

Chapter 18 育儿的奖惩之道

惩罚和奖励产生于几乎相同的心理模式，这种模式认为动机不过是对行为的操纵。

——阿尔法·科恩

行为是导致育儿过程中出现压力的重要原因之一。控制儿童行为的一种常见方法是使用奖励和惩罚的方法，本章将主要介绍这些方法。请注意，这里所讲的“奖励”指的是外部奖励，而不是所有奖励中最有效的——内在满足。

神　话

很多人都觉得外部奖励可以对孩子起到激励的作用，使其更有责任心。但是其实并不会。在使用外部激励因素，如奖励时，人的动机就会改变。下面是一个经典的故事，在这个故事中，贿赂成了核心而并不是负责人的行为。

一位老绅士每天下午都会修理他的街角大花园。一群十多岁的男孩子每天放学路过，都会骚扰他。听了几天那些孩子们的嘲笑和侮辱后，他决定干点儿什么。

第二天，男孩儿们走近他的家时，正好被他碰上。老人对男孩儿们说，自己平常很孤独，非常感谢他们对自己的关注。为了表示他的感谢，他告诉男孩儿们，如果他们第二天还来，他就给他们每人 1 美元。

第三天，这些喜欢捣乱的孩子们一放学就出现在老人花园这边，开始骂骂咧咧。果然，老人放下了自己的园艺工具，走到那些孩子面前，拿出来一卷钞票。他给了每个孩子 1 美元，并告诉他们如果第二天他们还来，就给他们每人 25 美分。对于男孩儿们来说，25 美分也不错。

第四天，男孩儿们又来门口骂骂咧咧，老绅士走了过去，拿出一堆硬币，给了每个人 25 美分，并对男孩儿们说，之后他们每天来这边的话，每个人能得到 1 美分。

你觉得男孩儿们还会再去老人的花园吗？一旦有意义的奖励消失了，男孩儿们也消失了。这位狡猾的绅士计划得很简单，通过给男孩儿们奖励，改变他们每天来花园捣乱的动机。本来男孩儿们是为了恶作剧，骚扰老人，但后来却变成了为了拿到奖励。

与传统的期望驱动动机不同，今天的许多成年人用奖励孩子的方法让孩子听话。外部激励的效果通常是短暂的，我在全国小学校长协会会议上做了一个报告后，收到了一封来信。这封信的内容与外部激励有关以及提到了外部激励对一个人的行为产生的影响。下文就是当时我收到的那封信的内容：

> 我是来自南达科他州的校长乔治·H. 奥夫，我写这封信是想给你讲一个关于奖励孩子的故事。故事是这样的：
>
> 我们学校有一个五年级的孩子，每门考试只要得 A，他父亲就会给他 5 美元。第一学期结束，这个孩子得到了 8 个 A，父亲总共给了他 40 美元。
>
> 第二学期一月份结课，但成绩报告要二月份才出来。结果这次他儿子只有一门课得了 A，两门课得了 B，剩下的都是 C。父亲感到很焦虑。
>
> 在与这位父亲谈话时，我建议把他的儿子也叫来，看看出了什么问题。男孩来到我的办公室坐下来后，我们开始交谈。我问那个男孩："你这学期的成绩为什么下降这么多？"男孩回答道："因为我不缺钱。"

当我们因为孩子做到预期行为而给他们奖励时，并不是件好事。因为社会不会给予他们奖励。你有过因为看到红灯停车而获得奖励的吗？

虽然上面说了那么多，但我并不是反对奖励。只是有些其他方法比外部奖励更有效。（我的教育书籍和育儿书籍都写到了如何通过使用内部激励，而不是外部奖励、威胁或施加惩罚的方式，来培养年轻人的责任心。）

了解奖励

关于"奖励"的一个关键悖论就是：当没人监督的时候，如何生效？

就像上文所述，奖励可以改变人的行为。但当奖励为了起到刺激和控制的作用具有贿赂性质的时候，父母就不会知道，孩子到底是为了奖励还是为了正确的行为才去做。更重要的是，这些物质奖励无益于培养孩子良好的品质。

为了获得奖励，虽然大多数孩子会按照父母的要求去做，但这些年轻人并不会因此变得成熟，也不利于培养他们优良的品质。

工作与奖励

在我的演讲中，我常听到的一个关于奖励的观点就是：人们只有获得奖励才会工作。这里有一个假设，就是如果没有奖励，人们就不会工作。但很多人选择做无偿志愿者这一事实，就打破了这一观点。此外，关于就业的研究普遍认为，只要薪酬处于令人满意的水平，人们从事比较满意的工作时，薪酬就成为最低的激励因素之一了。

雇佣不是一种奖励，而是工人和雇主之间的一种社会契约。工人以提供劳动、服务和专业技术的方式获得劳动报酬。你最后一次看你的工资并感谢你的雇主给自己奖励是什么时候？

使用奖励方式的注意事项

奖励是表示认可的最佳方式之一。月度最佳员工、电影“奥斯卡”之类的奖项都是为了表彰优良表现，而不是为了达到控制的目的去贿赂。每个人都想要被认可，但不是每个人都能当演员，也不是每个人都能赢得奥斯卡奖。人选择一个职业往往是因为那是他们喜欢的，是他们想从事的。

奖励可以成为很好的激励工具，前提是激励对象对该“奖励”感兴趣。正如第三章“内部、外部驱动力”所讲的，如果完成特定目标，奖励是百慕大群岛的免费游，但目标对象已经去过很多次百慕大了，而且他/她并不想再去，那么这个奖励刺激对他/她来说就是无效的，目标刺激对象对这个奖励不感兴趣。再举一个例子，学校建立在学生都想要取得好成绩的假设上，有些学生是这样，但并不是所有学生都对拿高分感兴趣。所以强调高分并不能吸引那些对高分不感兴趣的学生。

当涉及提升责任心的时候，对预期行为的奖励会起到反作用：

- 当我们为了让学生达到预期行为而给他们奖励时，我们就传递了错误的信息。因为社会是不会对孩子合适的行为给予奖励的。
- 当我们奖励预期行为的时候，很容易产生这样的思想“这件事对我有什么好处”和“如果我干得不错，我能得到什么好处”，这两种想法会导致人们自满心理的产生。

◉ 因为一种行为有奖励，所以这个行为就是好的，这是一种最低级的道德价值观。人们会觉得自己做得一定是对的，因为自己得到了奖励。

◉ 对预期行为的奖励意味着负责任的行为本身并不值得。

◉ 给予这样的奖励并不能促进道德的发展。因为人们不再考虑事情本身好或坏、对或错、公正或不公正、道德或不道德。相反，影响人们决策的因素变成了为了获得“奖励”。

也许另一个例子能让我的观点更有说服力。一位老师曾给我讲述了他的一个经历，很好地说明了奖励是一个陷阱。

> 我们都知道奖励会加速竞争，人们会比较谁得到的奖励多。我们还知道，用奖励来激励年轻人，会让那些认为自己应该得到奖励但没有得到的人产生自己被惩罚了的感觉。
>
> 我是一位小学一年级教师，有时候即使只是让孩子们记得带自己的文件夹，知道怎么削铅笔都是件难事。一开始我总是提醒他们，唠叨他们，最后我放弃了。因为他们根本不关心他们是否带了文件夹或削了铅笔。我是唯一一个在乎这些事情的人。

所以我在他们的文件夹里放了一张贴纸，并告诉他们如果他们准备好了文件夹和铅笔，我就会给他们贴纸，并且带他们开始寻宝之旅。我知道这方法没什么用，而且这件事每天会浪费我很长时间，这让我很烦恼，但至少我们开始上课的时候他们是有铅笔的。

最近我在监督孩子们学习的一天，我因为一个男孩的铅笔批评了他。他的铅笔又短又钝。他说那是他唯一一支铅笔，但是在他的铅笔盒里明明放了三支又长又细的铅笔。所以我问他，那铅笔盒里的三支铅笔是怎么回事，他回答道："我从来不用那些削尖的铅笔，带着那些铅笔是为了得到贴纸！"

我花了整整一年的时间才意识到，这个孩子每天都用同样的铅笔来得到贴纸，却从来没有用这些削尖的铅笔写字！外部激励向内部激励转换怎么那么难！

实施惩罚的注意事项

惩罚同奖励一样，无法满足一个关键性要求，那就是：当没有人监督的时候，如何有效执行。

奖励的对立面惩罚也是外部驱动力的一种。奖励与惩罚是一枚硬币的两面。奖励问的是："如果我做到你想让我做的，你能给我什么？"而惩罚问的是："如果我没有做到你期待我做的事情，会有什么后果？"

很多人觉得在教育孩子的过程中，惩罚是很必要的。但事实是，惩罚在很大程度上只能满足惩罚者，而对被惩罚者的作用是很小的。伴随惩罚而生的是敌意而不是责任感。想一想，你上一次做得很好但感觉不好是什么时候?

为了控制行为而施加惩罚（与第十六章“培养孩子的责任感”中所述的诱导不同）是基于一些缪见。

- 强加剥夺了孩子对自己的行为负责的机会。
- 惩罚使得问题的主体从年轻人转移到成年人。
- 很多人本不需要被惩罚，这些年轻人就算不被惩罚也知道下一步应该怎么做才是对的。
- 惩罚一般都是由成年人主导的，在这个过程中年轻人的权利是被剥夺的。
- 惩罚是暂时的、短暂的。一旦惩罚结束，这个孩子就等于“服完了刑”，不再承担进一步的责任。
- 惩罚会滋生怨恨，而且被惩罚者很可能会产生叛逆心理。
- 从本质上讲，惩罚不利于建立良好的人际关系，因为它不能培养人们的责任和合作意识。
- 惩罚会使成年人和孩子之间产生一种敌对关系。
- 惩罚可能会迫使孩子在一种情况下采取适当的行动，但面对其他情况和其他人，他的行为可能并没有什么变化。
- 惩罚给孩子带来的威胁可能会促使他们暂时改变自己的行为，但是这种方式并不是孩子乐于接受的。

- 因为总有一些年轻人没事找事，所以权威的存在是必要的，但是权威可以通过惩罚之外的其他方式树立。
- 如果你觉得一个 8 岁的孩子和 18 岁的孩子的接受程度一样，那么在教育这两个孩子的时候，你会采用相同的方式。但如果你觉得 8 岁的孩子还没到 18 岁，那么你完全可以通过讲道理而不是惩罚的方式引导孩子的行为。
- 惩罚只能改变孩子的短期行为，无法起到长期效果。

采用外部手段需要注意的事项

软硬兼施的方法属于外部刺激法，奖励和惩罚可以作为代表。它们完全忽略了更为强大的内部推动法。

- 再三强调，奖励和惩罚是一枚硬币的两面。奖励期待人们达到预期期望，“如果我达到了你的要求，有什么好处”。惩罚倡导，“如果我没有达到要求，有什么后果”。
- 使用外部手段的目的是让人们顺从，但顺从并不会激起人们对行为改变的渴望。
- 外部手段主要依赖于他人。但是目标却是为了培养独立自主、有思想的公民。所以目标与手段之间有直接冲突。
- 因为有的人会因为做到特定的预期行为获得奖励，但有些人做到特定的预期行为也没有得到奖励，所以奖励预期行为本身就是不公平的。这通常被称为“奖赏惩罚”。

- 所有奖赏中最令人满意的是一个人通过努力得到结果后的感受。这就需要“内部”驱动力，而不是受“外部”驱动力的掌控。

根据我多年的教育、教学、咨询和管理经验，我发现年轻人都想成为有责任心、能为自己的行为负责的人，但是父母和老师经常使用无效的方法来帮助他们。这里说的无效的方法尤其是指父母老师用奖励和惩罚的方式来影响学生的行为。当权威的树立不需要用强制的方法达成的时候，父母和孩子的压力都会明显下降。

自尊心

一部我很喜欢的动画片里，有这样一幕：

> 男孩坐在 SUV 的后座，手里拿着根木棍，木棍的那头撑着他的背包。他妈妈对邻居说：“我孩子这是在离家出走呢，但他希望我能开车送他离家出走。”

为什么孩子会产生这种想法？原因就在于，家长总是用给孩子买玩具、糖果、礼物这样的方法哄孩子开心。当然，这样说并不是反对家长给孩子买玩具，但是如果家长仅仅因为孩子做了一件本就应该做的事情，就给他们奖励的话，会让他们变得自负。他们不可避免地会有这种想法："我如果做了爸爸妈妈要求我做的事情会得到什么奖励？"这种自我对话会使孩子变得骄傲自满，不利于培养孩子的责任心。

自尊运动建立在一种错误的观点上，年轻人通过从别人那里得到的表扬和奖励，培养了对自己的良好感觉和自尊。自尊的一个主要缺点就是对外部刺激的依赖，而真正有效的刺激却是由心而生的。接受并不能培养人们的自尊心，只有相信自己才行。老一辈的人都懂得这个道理，不管你处于哪个年龄阶段，努力和坚持才能带来最满意的回报，才是培养自尊的基础。

责任心

父母有责任给孩子灌输良好的道德品质和价值观，如诚信、尊重、责任、公平、关爱和公民意识。

当父母采用奖励糖果、贴纸、电影票等方式来强制孩子做他们想让孩子做的行为时，他们实际上是在用不成熟的价值观来激励年轻人，但却希望这种行为方式能培养孩子形成成熟的价值观。经验表明，这种方法并不可行。通过使用孩子们看重的东西来激励他们，只能更加强化孩子们本身不成熟的价值观，而这样的价值观不能推动人们在社会中获得成功。

行为学家提倡用奖励来控制他人行为，他们对价值不感兴趣，只对他人行为的改变感兴趣。这也就是为什么神经学家不适用行为控制（外部）法，因为他们不会自欺欺人地认为人就像狗、鸽子或者老鼠。但是行为学家会利用他们对这些生物的研究结果作出推断，既然奖励行为对这些生物有效，那么它应该对人也有效。

所以即使大部分孩子会为了得到奖励去做父母要求他们做的事情，但是这种方式并不能使其变得成熟。

同样，前几代人，父母也是期待年轻人按自己所希望的去做，并且希望年轻人能形成成熟的价值观。但现今有太多的父母在无端地奖励年轻人，结果可能会最终“培养”出一代思想幼稚且自私的人。

这一章以我收到的另一封学生家长的来信作为结尾：

这是我在跟朋友聊天的时候听到的一件事。

最近她在和一个 8~9 岁孩子的足球教练聊天。足球教练说他觉得让小队员们学会合作是一件很困难的事情。

我的这位朋友，作为一个很有经验的老师，给他提了一些自己觉得对促进团队合作很有效的建议。但足球教练很快就制止了她。

“不，不是你想的那样。”教练说，“问题不是出在孩子身上，而是出在家长身上。”

那些家长为了鼓励自己的孩子进球，答应孩子每次进球奖励 2 美元。所以孩子们都想自己进球，完全不传球，让教练不知道怎么办才好。

而且情况糟糕到足球教练必须开一个家长会，把家长们聚集到一起，对他们说："不要再给你们孩子奖励了！这样我才能带出个足球队。"

所以，认识到奖励的负面影响的不仅仅是DWS（无压力纪律）老师！

奖励改变人们的动机，就是那么简单。

关键点

- 奖励可以是很好的认可和激励方式。
- 用奖励的方式控制和操控孩子的行为，无益于培养他们的责任意识。
- 不要把职场中的雇佣关系和用奖励控制员工两件事情混为一谈。
- 自尊心是通过付出努力的行为产生的，而不是通过接受外在的奖励产生的。
- 父母有责任教导孩子形成成熟的价值观，而不是幼稚的价值观。
- 惩罚行为将问题的主动权从孩子手中转移到成年人手中。
- 当父母不是用强制方式建立自己的权威时，压力就会下降。

Part 6　小结

要想让教育子女变成一个令人享受的过程，首先要避免权利冲突，其次要重视责任教育而不是靠强制手段教育孩子。当父母的权威不是靠强迫孩子建立起来的，当父母能够全面认识自己和孩子的性格特征，当父母不再用奖励、惩罚、威胁等外部手段刺激孩子做父母想要他们做的事情的时候，我们所面对的育儿压力会自然而然降低。

总　结

很多父母都有压力，因为他们总是想让孩子服从他们的指示，而不是教育孩子如何承担责任。事实上，不止父母会这样，很多成年人都不知道除了强制手段还能用什么方法解决他们生活中的问题。责任培养制度是一种非强制的纪律行为制度，在行使权力时不会用强制的手段。这种方式通过内部激励，提升年轻人的内在满足感，使年轻人变得更有责任心。

责任培养制度包含三个阶段：教育阶段、询问阶段和刺激阶段。该制度之所以可以有效运行就是因为被教育者并不会反抗，这种方法不会激起被教育者的反抗情绪。

了解一个人的性格特点，了解你的孩子的天赋所在，能够帮助你更好地跟孩子交流，有利于建立良好的亲子关系。每个人都是不同的，如果你用适合自己的方式去教育跟自己性格不同的孩子，那么在这个过程中你的压力会越来越大。

奖品代表着激励和认可，但奖励的手段却无益于培养孩子的责任意识。当你因为一个不值得奖励的行为给孩子物质奖励的时候，你给孩子传递的价值观是不成熟的，无益于他们在社会上长久地发展。

结　论

当你对于孩子的权威不是建立在强迫之上的时候，你会发现育儿的过程对你来说是一种享受。同时，你还需要了解自己孩子的性格特点，帮他们形成正确且成熟的价值观。

Part 7

人际关系与压力

了解性别差异

解决冲突

逆反心理

作为人类，我们的伟大不是在于能够改造世界，而在于能够改造我们自己。

——圣雄甘地

我们总会认为性别之间的差异只体现在社交上，但事实却并非如此，性别差异对解决冲突也有影响。当我们运用强制手段解决争端时，抵触情绪一定会相伴产生，而这种本能现象就叫作逆反心理。

女性和男性不仅在生理上不同，在化学反应、身体结构和大脑活动上也不同。理解性别之间的不同可以有效减轻我们的压力，在第十九章“了解性别差异”中我们会做详细介绍。

在冲突和矛盾中，矛盾的一方都想让另一方作出让步，但这样反而会适得其反，因为没有任何人能改变另一个人。想要控制一个人是可能的，但是改变一个人是绝对不可能的，人类只能自己改变自己。了解这一点之后，你会发现采用非强制性解决问题的方式解决人际关系问题是相对容易的。这一方法将在第二十章“解决冲突”中做详细介绍。

当我们试图用强制手段改变另一个人的时候，另一个人会本能地产生抗拒心理。我们称这种现象为逆反心理。当父母强迫孩子干一件事情的时候，孩子就会产生这种心理。避免逆反心理的产生可以有效降低人们的压力。通过阅读第二十一章“逆反心理”，大家可以更好地了解到为什么人们面对压迫会产生逆反心理。

Chapter 19 了解性别差异

男人粗枝大叶，女人斤斤计较。

——无名氏

为什么给男孩儿一个洋娃娃，他会不屑一顾，给女孩儿一个玩具卡车，她会给卡车起名字呢？男孩儿和女孩儿真的有内在的区别吗？

毫无疑问，男孩儿和女孩儿当然是不同的。性别的不同会影响一个人对事物的看法。研究揭示了男性和女性大脑的主要区别。

相关研究

男性和女性左右脑的运作方式是不同的。例如，女性大脑两侧的语言中枢更大，这也就是为什么女性对过往事件的记忆比男性好，并且在描述一个事情、故事、人物、物体、感觉或地方的时候，女性也比男性完成得更好。

男性不仅语言中枢相对较小，而且他们也不善于建立语言与记忆、感受之间的联系。当我们在讨论一件事情给我们的感受、带给我们的情感变化和自身感觉的时候，女性相较于男性而言，更有优势，她们也对讨论这方面的事情更感兴趣。

科学家主要从四个方面研究男性和女性大脑的区别，分别是：处理方式、化学元素、结构组织和活动方式。各国关于这方面的研究都发现男性、女性大脑各区域的不同，但也发现了很多例外。有些男性很敏感，非常健谈，不符合一般对男性的刻板印象。这些特殊情况我们在本章内容中不做详细讨论，因为任何分类都会有特殊情况。对于沟通来说，刻板印象是必要的，我们只需要记住，任何情况都会有例外。

处理方式差异

男性在从事活动时大脑灰质的活动量是平时的 7 倍，这使男性在处理任务的时候变得更加专注。只要他们开始任务或游戏，就不容易受到外部因素的影响。对比之下，女性在从事活动的时候，大脑灰质的活动量是平时的 10 倍。这些区别可以解释为什么女性可以比男性更加快速地从一项任务转向另一项任务。灰质的不同还能解释为什么成年女性更适合从事多任务工作，而男性更适合单一任务工作。

化学元素差异

男性和女性大脑通过性别特定的身体—大脑连接处理神经化学物质，而且不同性别处理程度不同。人体的主要的神经化学物质有以下几种：血清素，它能使我们镇静，减少焦虑情绪；睾丸激素，一种影响性和攻击的化学物质；雌性激素，一种帮助女性生长和繁殖的化学物质；催产素，一种维系关系的化学物质。

因为不同性别处理这些化学物质的程度不同，整体上来说，男性活动更加频繁，而且更容易冲动和带有攻击性。另外，男性大脑产生的催产素少于女性。总的来说，我们需要注意的就是男性和女性在处理压力上可能需要使用不同的方式方法。

结构差异

男性和女性大脑的构成元素也有所差异。这里是指大脑的实际部分和它们的构造方式，包括大小和质量。

海马体是情感和记忆的中心，女性大脑通常与海马体的神经连接密度更高，一般情况下她们的海马体也会更大一些。所以女性的感官系统通常都比男性更加灵敏。女性能够更好地感知周围环境发生的变化，她们也能够更容易记住感知到的信息。

血液循环与大脑活动

与男性不同，女性大脑的血液循环会更加顺畅。因为女性大脑中灰质较多，这可能会导致女性比男性更经常地反思和回想过去的事情。这也可以更好地解释我们在本章开头引用的那句话：“男人粗枝大叶，女人斤斤计较。”

处理方式、化学元素、结构和血液循环、大脑活动这四大分类只是为了说明男性、女性思维方式和处理问题方式不同所举出的简单例子。实际上科学家发现了近百种不同性别大脑之间的差异。从神经学的角度理解性别差异，不仅帮我们打开了性别差异的大门，也能够帮助我们更好地理解婴儿、儿童、青少年和不同家庭成员的想法。

表 现

性别差异导致的大脑结构的不同体现在多个方面。下面列出的关于男性、女性在表现方面的概括总结，能够帮助你有效降低冲突、控制压力。但需要注意，同其他概括总结一样，它并不适用于所有人，但在通常情况下，还是可以有效提高人们沟通交流的能力的。

- 女人的自我感知是靠感受和她的交际圈决定的，男人的自我感知是靠他解决问题的能力决定的。所以女性在面对问题的时候更倾向于寻求帮助，而男性则更关注于解决问题。
- 男性在解决问题时喜欢一个人，把自己困在问题的“洞穴”中，当问题解决了才会重新出山。女性面对问题时则倾向于与另一个人进行讨论，这一点在她们年轻的时候就能表现出来。女孩在生活中遇到问题，喜欢找他人倾诉，但是如果父母想知道男孩儿被什么问题困扰，那会是一项艰巨的工作，最好的方法是给他找个事做，然后等着他自己吐露心声。

- 男性在证明自己潜力的时候能够很好地表现自我。对于男性来说，不被需要和认可的感觉是最糟的。也正是因为这一点，男性一般很难接受被忽视的感觉。这就解释了为什么男孩在上学期间面对不清楚、不了解的事情，就算会惹事也还是要做。
- 女性更倾向于交流和倾听，而男性不喜欢进行无关紧要的交流，他们只想完成自己的目标。那些在生活中能够与爱人维持良好关系的男性都有一个特点，那就是他们是很好的倾听者。同理，女性应该了解，当两人对话变得无关紧要、又臭又长的时候，男性会变得不耐烦。了解两性之间的差异可以帮助我们改善人际关系，减轻压力。

关键点

- 男性和女性具有差异无可厚非，如身高和力量。
- 男性和女性大脑的不同体现在问题的处理方式、化学元素、结构和血液循环、大脑活动等方面。
- 男性和女性大脑的差异影响他们的感知和行为。

- 男性主要通过调整适应的方式来减轻自身压力，比如下班回家就可以有效降低他们的压力。
- 女性可以通过交际或者表达自身想法来减轻自身压力。
- 了解两性之间的差异可以帮助我们减轻压力。

Chapter 20 解决冲突

仔细想想，你会发现自己大部分的问题和压力都源于人际交往。

——威廉·格拉瑟

在人际交往过程中感到压力最大的时候就是冲突出现的时候。当我们面对问题的时候，“问题解决圈”能够有效帮助我们解决争端，保持良好的人际关系。

一个关键问题

花几分钟想想你熟悉的一个人，配偶、重要人物、朋友、孩子，甚至父母也是可以的，这有助于你理解什么是“问题解决圈”。当你想这个人的时候，问自己下面这个问题：我有没有什么行为对这个人产生过影响，不是靠那种强制方式，对这个人产生过影响。

确实，你可以通过权威控制别人，但这种影响并不能由内改变这个人的想法。父母通常会用这种强制的方式控制孩子的行为，但在父母看不见的时候，孩子还是会按自己的想法做事。

这就是在与人打交道的时候最重要和最关键的一点。你可以影响甚至控制另一个人，但是你无法改变他人，你能改变的只有你自己。当你明白了这一点，你就自然而然地进入了一个改善与他人关系和减轻自身压力的新维度。

我可以通过分享一个关于夏威夷婚礼的故事来帮助大家更好地理解这一点。

> 两个很久没见面的朋友，一天他们在路上相遇了，一个人问另一个人最近过得怎么样。那个人消极地说道："我觉得我老婆变了，我想跟她离婚。"
>
> 问话的朋友马上说道："噢，别这样，听我的建议，接下来的6个月，把她当成公主。给她买花，带她吃烛光晚餐，跟她一起去看电影。然后你再跟她离婚，她会舍不得你的，到时候我们俩再约。"
>
> 后来想离婚的男人也没找过这个朋友，几个月后的一天，他们两个人又在路上碰巧遇到。朋友问道："你离婚了么？"
>
> 当时想离婚的男人回答道："我为什么要离婚，我为什么要跟我妻子离婚？我妻子就像公主一样。"

是谁变了？

不管什么时候，只要我惹得我妻子不高兴了，我就会反思两个问题：第一，从这件事中我能学到什么经验教训；第二，我怎么做才能改变这种情况。我和妻子已经结婚多年了，但我深知自己从未改变过她，我觉得她也没有改变过我。我深知要想通过影响让她自己作出改变，我需要先改变自己，才能期待她作出改变。

旨在说清

当我和妻子在一件事情上产生冲突时，我们首先把事情摆到明面上。我先听她的想法，然后试着站在她的角度考虑问题，了解她为什么会那么想，为什么我们两个人的想法会不同。我们的目标是达成共识，而不是相互影响。

过程是这样的，我会先阐述我的观点和我持这个观点的原因，然后我会听妻子说她的观点和原因。当然，有时候我也会听她先说。倾听我妻子关于她所持观点的原因，能够帮助我更好地理解她的观点。有趣的是，这种阐述和倾听经常会导致我们相互影响。当两个人试着用沟通的方式阐明自身观点的时候，矛盾自然就会缓和，压力自然就会降低。最重要的是，通过相互理解和交流，能让两个独立的人形成一种长久而忠诚的关系。

问题解决圈

由于任何人都无法改变另一个人，那么问题来了："当两个人起了冲突，冲突又急需解决的时候，我们能做些什么呢？"答案就是，我们可以使用"问题解决圈"这个工具。这个工具就是建立在认识到"人只能改变自己"的基础上的。以下是这个工具解决冲突的方法。

两个相交的圆画成维恩图形式。左边的圆圈代表人物A，右边的圆圈代表人物B，圆圈之间的重叠区域代表了A、B之间的冲突。

冲突产生时，最常见的解决方式就是每个人都告诉另一个人自己所希望的和不希望的。简单来说，就是告诉另一个人哪方面需要改变。

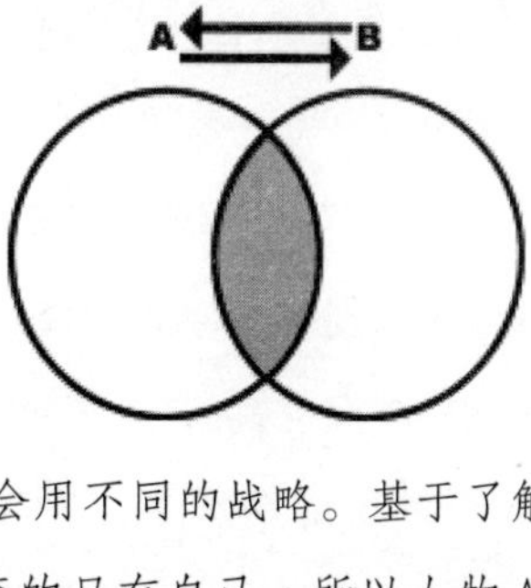

"问题解决圈"会用不同的战略。基于了解没有任何人能改变他人，一个人能改变的只有自己，所以人物A会在这里阐明为了解决问题自己能够做什么。因为措施不是通过强制手段达成的，而且人物 A 也确实表现出想解决问题的态度，所以为了改善关系，人物 B 也会很自然地采用这种方式，按照同样的程序陈述他或她愿意做什么来解决问题。

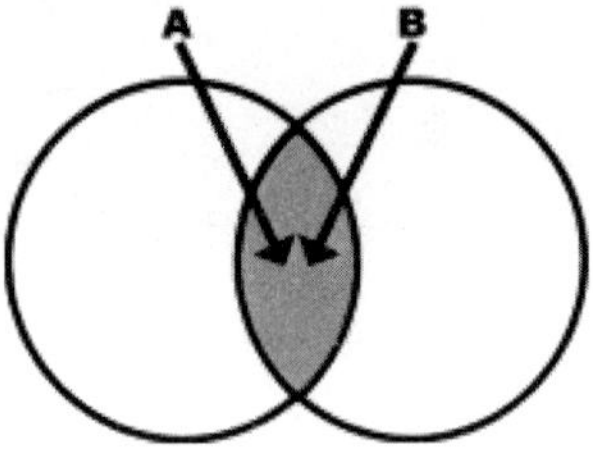

通过阐明自己行为形成的原因，而不是指责他人的行为，再严重的冲突都是可以解决的，因为每个人都表现出愿意为自己行为负责的态度。“问题解决圈”之所以成功，就在于它不带有责难性和强制性。这个过程让参与双方都能感受到被尊重，能够有效地解决问题、改善关系。

原理很简单，只要在讨论问题的解决方法时双方都表达出自己愿意作出让步，而不是表达希望对方作出改变，双方都把关注点放在解决问题上，问题自然而然就解决了。只要人们的心理不跨过自己所属的圈子，知道自己只能改变自身行为，他们几乎就能解决任何冲突。每个人都发出这样的信号：我想改善这种情况，这是我愿意承担的部分。冲突也就自然而然解决了。

当冲突双方都处于愤怒的情况下，首先需要一段时间的冷静期。因为当人们处于愤怒状态下，关注点无法集中于解决问题。当人们都冷静下来后，“问题解决圈”这个方式就会变得非常有效。

我曾将这种方式用于两个四岁孩子，通过用他们能够理解的话，向他们简单解释了他们是无法改变对方的。然后我给他们 4 分钟时间，让他们一起想办法如何解决他们之间的冲突。最终他们只花了 2 分钟，冲突就解决了。

这一方法能够得以成功的关键就是不要抓着过去的事情不放，而执着于已经过去的事情只会徒增烦恼。我们越是沉迷于过去，越是无法好好地面对现在。因为过去的事情已经过去了，无法改变。既然我们只能规划未来，所以我们在解决冲突时，讨论的重点也必须面向未来。成功的两个关键因素：第一，对话是关注未来的；第二，关注每个参与者自身愿意作出怎样的改变。“问题解决圈”之所以与其他问题解决方式不同，就在于首先运用者知道人只能改变自己，无法改变他人，其次它提供的解决问题的方式是面向未来的。这种方式既简单又有效，而且冲突双方在问题协商过程中都得到了尊重。

关于说服的艺术，优秀的销售人员知道以下三点：第一，永远不要疏远客户；第二，影响的艺术是引导他人进行自我影响；第三，永远不适用任何带有胁迫性质的手段。胁迫性质的手段包括：批评、责备、抱怨、唠叨、威胁、惩罚或贿赂。通常这些方式会破坏良好的关系，导致双方的疏远或关系的断裂。为了帮助大家更好理解，请大家思考一下下列问题：

- 当别人批评你的时候你会作何感受?
- 当别人责备你的时候你会作何感受?
- 当别人向你抱怨的时候你会作何感受?
- 当别人唠叨你的时候你会作何感受?
- 当别人威胁你的时候你会作何感受?
- 当你被惩罚的时候会作何感受?
- 当别人贿赂你的时候你会作何感受?

要记住作出改变，不仅是智力上的，还有情感上的。我们都知道自己应该做什么，不应该做什么，但情绪会对我们的行动产生影响。通常我们觉得一件事情很糟糕的时候，是不会想去做它的。人们总会选择自己感觉良好的事情去做。

强迫无法产生关怀、同情、渴望、正直、善良、慷慨或毅力。这些特征都不能靠强制手段达成。

最后，我们来总结一下本章的主要观点，那就是改变自己——自己会做什么改变——是影响他人改变的最有效的方法，也是一个有效的减压方法。

关键点

- 你可以控制一个人，但你无法改变一个人。
- 人能改变的只有自己。
- 决定自己如何作出改变是影响他人最快、最有效的方法。

- 影响的艺术就在于如何引导他人自己作出改变。
- 表明自己的立场而不是试图控制他人，能够有效减轻压力。
- “问题解决圈”是一种帮助人们解决冲突、减轻自身压力的简单有效的方法。

Chapter 21 逆反心理

你不能胁迫别人改变主意。

——本杰明·富兰克林

看一下我们身边的家人、朋友和同事，我们会发现最成功、压力最小、最快乐的人是那些只控制自己从不试图控制他人的人。

我们还会发现，那些压力很大、生活很痛苦的人，往往是那种想要控制他人的人。即使他们有控制他人的能力，但受到对方反抗时，仍然会给他们自身的生活带来巨大压力，而且控制他人不利于良好人际关系的形成。当我们试图控制自己的配偶、孩子或者其他亲人的时候，可能会导致关系破裂；当我们试图控制朋友、同伴的时候，友谊将不再长存。但即使这样，我们还是经常试图控制那些跟我们最亲近的人。

在所有的人际关系中，与其试图控制他人，不如问问自己："碰到这种情况，我该如何解决？"当我们在遇到事情时先想自己如何改变，而不是去试图控制他人时，最终得到的结果可能会带给我们惊喜。

事实上，问题很少能通过控制或指责他人而得到解决。但另一方面，我们从没听到过有人说："我觉得你做得不对，但我必须改变我自己，不然我们永远也解决不了问题。"而这却是改善关系的秘诀。虽然你没必要大声说出来，但是这种思考问题的方式是十分重要的。

现在来看一下当我们想要控制别人的时候会发生什么。正如之前提到的，当我们觉得自己被他人控制的时候，会本能地产生一种抗拒心理，这种心理就是我们常说的逆反心理。这种本能的抵制会以不服从、蔑视、拖延、做与期望相反的事情以及缺乏动力等形式表现出来。尽管成年人也有逆反心理，但我们似乎都更关注小孩子的逆反心理。逆反心理在幼儿和青少年身上非常常见，这种现象在这两个年龄段人群的身上普遍到什么程度了呢？可以用两个词来形容，那就是"两岁的魔鬼"和"叛逆的青少年"。

想想叛逆的青少年，在我看来大部分关于青少年压力的理论都忽略了一个主要问题。通常，人们认为青少年叛逆产生的主要原因包括身体变化、性需求的出现、新的社会需求、儿童成长为成人内心的斗争、大脑新皮层的发育迟缓，以及其他一些类似的原因。的确，由于荷尔蒙的变化，青少年在情感上容易波动，他们的行为很难预测，经常以自我为中心，而且比较敏感。然而，经过更仔细的观察，我们可以得出以下结论：处于青春期的青少年，之所以与父母之间关系紧张，双方都承受很大压力，主要是因为他们之间存在着权力斗争。

人们经常会产生逆反心理，当感觉到被他人强制的时候，逆反心理就会自然而然地产生。想要解决逆反心理这个顽疾，就要注意避免产生消极、抵触情绪。下面这句话非常值得我们反复琢磨，那就是：

> 影响力的艺术在于通过引导方式，让人们选择自己影响自己。

那些主要通过引导他人作出改变的人，比那些通过逼迫别人作出改变的人，要更加成功，而且在实施过程中，他们自身压力也相对较小。

当一个人被告知需要做什么事的时候总会产生负面情绪。同时，这种告知还传递了一个消息就是，告知者觉得你做得不够好，需要你作出改变。我们可能都喜欢告诉别人该做些什么，但却不喜欢他人对自己指指点点。当一个人要求你做一件事，告诉你应该做什么或者要求你必须做什么的时候，你会作何感受？回想一下你自己是否经历过这种被别人要求的情况，当时的你内心活动是什么样的呢？

我有个朋友曾对我说过，他非常讨厌听父母的训话，即使父母说的本来就是他想做的，如“出去玩儿”，也会让他非常反感。

所以只要是被父母要求做的事情，即使这件事在被要求前本来就是他想做的，他也会找借口不做了。由此可见，要求一个人做什么事，并不能更好地激励他（她）完成这件事。

避免产生消极情绪的关键就是问一些能触发他人反思的问题。下面这个例子源于埃德·奥克利和道格·克鲁格合著的《开明的领导》一书，向我们展示了反思性问题的力量。

> 一家保险公司的管理团队注意到，不管他们的销售人员接受了什么样的培训，18 个月之后，销售人员的平均销售额都会大幅下降。为了找出造成这种现象的原因，该公司进行了很多深入研究。对于销售额持续下降的原因，大家分享了各种各样的想法，其中有一个很有意思的想法就是，有人说：“也许是因为亲戚朋友都买过了，所以他卖不出去了。”
>
> 但最终研究的结果却比这更有趣。在培训早期，销售人员会完全按照公司所建议的销售方式，碰到潜在客户，会问客户一些引起他们反思的问题，然后认真聆听他们的回答。这种方式一般问一个客户需要花 45 分钟到 1 个小时。一段时间之后，随着销售人员越来越熟悉自己的业务，并且通过和之前的客户沟通交流总结了很多经验，所以他们就变得越来越会问问题。这种问问题的过程能够帮助顾客更好地了解自己在理财方面的需要，有利于建立良好的关系。
>
> 但他们用这种销售方式持续到第 18 个月时，一个很有意思的现象会发生在大部分销售人员身上。在这个时候，

他们已经听遍潜在用户各类回答。通过跟潜在用户交流，他们已经能够熟练地估计出潜在用户的个人情况和经济状况。之前要花 45 分钟到 1 个小时才能了解客户的保险需求，现在他们只要花 5 到 10 分钟就能了解。

所以销售人员开始不再谨慎地问问题，也不会认真地聆听顾客的回答。相反，他们会多说少听，在与客户建立良好关系之前就已经进入了"销售模式"。

而潜在客户对这种方式并不感冒，销售人员并没有花时间去建立与客户之间的良好关系，客户从这简短的谈话中也没有得到任何有用的信息。销售额下降明显，而且销售人员自己也觉得很奇怪，对销售额下降的原因感到困惑。他们会变得气馁，然后他们在销售的时候就会变得更具有攻击性，对自己要求也更高，最终因为他们太害怕被拒绝和失败，销售也就变成了更难以完成的任务。销售下降影响了他们的自信心，业绩也就自然而然地急转直下。

如果你的努力没有带来成功，包括人际关系方面，问问自己，你在沟通的时候是否引起了对方的任何负面情绪。如果是，那就很有可能是对方的这种抗拒情绪转化为了逆反心理，阻碍了问题的解决。

当你觉得逆反心理对事情的发展产生了影响或是你想要改善人际关系的时候，这里有三个问题能够帮助你达成所愿：

- 如果对你有利，你愿意尝试不同的东西吗？
- 在这种情况下，那些成功人士会怎么做？

◉ 你是在生我的气，还是为了这件事生气？

需要记住，成功人士会通过避免任何会导致对立或破坏关系的事情来减轻自身的压力。要想回顾关于降低压力和提高效率的例子，请参阅第十六章“培养孩子的责任感”中温蒂·霍尔的信。

关键点

- 人际交往时总会产生压力。
- 开心的人控制的只有自己，而从不试图控制他人。
- 逆反心理是人们在感到被控制时的本能反应，通常会导致抵抗行为的产生。
- 避免逆反心理产生可以促进事情的成功，能够有效减轻压力。

Part 7　小结

男性和女性是非常不同的，性别之间的差异远大于眼睛能看到的。据研究显示，男女大脑有很明显的差异。“问题解决圈”在帮我们解决争端的同时还能维系良好的人际关系。那些生活压力大的人，往往是那种总是试图去控制他人的人。

总　结

男性和女性的左右脑并不完全相同，主要体现在信息处理方式、化学元素、结构和血液循环、大脑活动的不同。了解性别之间的差异可以帮助我们有效降低压力。

“问题解决圈”是一个工具，它可以帮助我们在解决争端的同时维持良好的人际关系。这个工具可以在任何两个人之间使用，当出现阻碍良好关系建立和压力增加的情况时，它可以高效解决二人之间的矛盾。

逆反心理是指当人们感受到被他人约束和控制的时候，本能地产生抗拒。当一个人试图控制另一个人的时候，抗拒心理就会自然而然地产生。

结　论

人们越多了解性别差异的本质，越能高效解决问题，减轻自身压力。当一个人遇到问题时，更多关注自己能作出什么改变，而不是期望别人作出改变的时候，解决问题会变得容易很多。“问题解决圈”是一个很简单的程序，能够帮助我们解决冲突，减少压力。当一个人被强制要求做什么事情的时候，自然而然就会产生逆反心理，这是人们面对控制的本能反应。当逆反心理产生时，人的压力自然而然就会增加，所以我们要避免用强制手段控制别人，这样也有利于我们自身压力的减轻。

Part 8

与压力相关的概念

完美主义

认真聆听

竞争与合作

对抗压力最好的武器就是我们有能力选择自己的思考方式。

——威廉·詹姆斯

本部分将介绍适用于所有年龄段减轻压力的三个关键性内容：完美主义、认真聆听以及竞争与合作。

完美主义并不是一个适合人们追求的目标，它会使我们在进行自我评价的时候过于苛刻。如果一个人只看重完美，而不看重自身一步一步的成长和变化，那么当他犯错误的时候，他会拒绝承认，做错事的时候，也不会道歉。在第二十二章“完美主义”中，我们将介绍完美主义是如何给人们带来压力的。

在人际交往的过程中，专心倾听他人所说的话是非常关键的，能够有效帮助我们减轻压力。要想建立良好的人际关系，这项技能必不可少。在第二十三章“认真聆听”中，我们将给大家介绍如何形成良好的人际关系，减轻自身压力，如何成为一个好的倾听者。

人类具有竞争性，竞争使人进步。与竞争不同，合作是通过让不同的人一起工作，从而实现更高的效率。不同团队之间是竞争关系，但是在团队内部，合作才能更好地帮我们实现目标。这种独立个体之间的合作优于竞争的想法，不仅仅适用于工作和学习。让兄弟姐妹学会合作，而非竞争，可以显著改善家庭关系，减少压力。在本部分的最后一章，第二十四章“竞争与合作”中，我们将主要讨论一下，竞争与合作同压力的联系。

Chapter 22 完美主义

学习和完美不能同时达成。

——马文·马歇尔

以卓越为目标，卓越的工作、卓越的成绩，都是可以实现的。但是完美主义者，他们总是追求完美，给自己设定过高的标准，最终这种高标准对于他们来说往往会成为一种负担。完美主义不是一个适合人们追求的目标，它会使我们在进行自我评价的时候过于苛刻。完美主义会让人逃避自己所犯的错误，这也是完美主义会造成压力的主要原因。

很多追求完美的年轻人都走上了非常危险的道路。有不少年轻女孩儿，为了身材的完美得了神经性厌食症或贪食症。她们认为，只有完美的女孩儿才会被喜欢。对于年轻人来说，早在幼儿园，完美主义就变得如此专横，以至于他们会产生焦虑症。然后，他们会觉得自己没法参加或完成某个活动，是因为他们不够好。

再下一步，就是他们对自己的全面否定。这种情况同样出现在那些正在找新工作或参加面试的成年人身上。

当年轻人在做一些与学术相关的任务时，如果在他们没有得出成果或没有成功前就被他人纠正，他们会产生一种逆反心理，主要体现在不同意他人的观点。比如，很多小孩在认知没有发展完全，还不能很好处理问题的时候，父母和学校就非要给他们开阅读课，这完全无益于孩子的发展。也正因如此，很多国家在孩子 7、8 岁的时候才给孩子开阅读课。当孩子产生觉得自己不够好，完成不了任务的时候，强制孩子必须完成任务，最终的效果可能会适得其反。这也是为什么很多学生都讨厌学习的原因。当面对学术难题的时候，男孩子的抗拒心理会体现得尤为明显。

失败是尝试的一种自然结果，也就是我们常说的“失败是成功之母”。但这句话是有前提的，成功的前提是，我们要从失败中吸取经验，而不能被失败压倒。重要的不在于结果，而在于努力和尝试的过程。这种积极的心态会使你产生一种想要尝试、想要体验、想要冒险的意愿。这是非常重要的，因为只有通过不断地实践，我们才能更好地提升自己。

我的一个朋友讲述了他小女儿生日聚会上发生的一件事。当他的女儿打开她的礼物后，我的朋友从强制到哄骗，最后到强迫他女儿必须和其他孩子分享她的新玩具。他没有意识到的是，对于一个孩子来说，和他人分享一个自己都没有完全“拥有过”的东西是多么困难的一件事。学习也是如此。年轻人在执行一项任务时需要感受到自身对这项任务的控制权，或者有一种他们有能力完成这项任务的信心，在这之后别人再给他们提出意见才是有效的。否则，虽然别人想要纠正他们的意图是好的，但会给他们一种自己不被认可的感觉，最终会影响他们的表现。

不要在一个人还没有对一件事建立信心之前去纠正他，不然结果会适得其反。我女儿刚开始学说话的时候，她“s”的发音很不标准。我们纠正过她一次，就那一次。之后的很长一段时间，每次我女儿要说带“s”的词的时候，总会迟疑考虑一下，就为了发音更标准。是我们的不当行为导致她轻微“口吃”。从那以后我们再也没有纠正过她的发音，后来她慢慢恢复了正常的讲话方式，让我和妻子都松了一口气。

一个孩子刚开始学走路的时候，我们会鼓励他，因为我们知道学习走路要慢慢来，没有哪个孩子能一天就学会站立和走路。同理，当我们教孩子说话的时候，即使最开始他们只是发音大致相同，我们也会觉得“大致正确”就是“完全正确”的开始。假如你想让一个刚开始学说话的孩子说这样一句话：“我想喝杯水。”如果你一直等到孩子用完美无缺、完整的句子清楚地表达出自己的要求，才会给他（她）水喝，那估计你的孩子会渴死。

当一个人只追求完美，而不是脚踏实地、一点一滴地积累进步，当他犯错的时候，他往往就会选择逃避和否认。完美主义者的另一种表现是，当他们面对挫折的时候，他们会变得封闭，不再参与自己觉得做不到的事情，直接放弃。

在做一件事情的时候，重要的一定是过程、是努力、是尝试。这种积极的心态能够使我们更愿意去经历、去尝试、去冒险。这一点十分重要，因为只有长时间的积累才能带给我们成长和提升。

经验应该被视为接收信息的过程，它的指导原则就是“现时执行，过后改进”。当你的心态是“不断拓展自我”而不是一味“追求完美”的时候，你会从努力中获得满足感。然后当你在生活中碰到新事儿的时候，你会发现，这种心态能够有效缓解你的压力。

关键点

- 完美主义是负担。
- 现时执行，过后改进。
- 失败是反馈，而不是结束。
- 我们应该追求不断进步，而不是完美无瑕。
- 学习和完美是相斥的。

Chapter 23 认真聆听

我认识的大多数成功人士都是那些多听少说的人。

——伯纳德·巴鲁克

在和他人一起工作的时候，认真聆听是改善人际关系和减轻压力最有效的工具。

当我们想知道他人到底是不是在乎自己的时候，一个很重要的评估标准就是看这个人有没有在认真听自己说话。当我们问关系不太好的两个人中的一个，为什么会出现这种情况时，其中一个可能会说："我觉得另一个人不在乎我。"当你继续问道："你为什么有这样的感觉？"往往会得到这样的回答："因为他从不认真听我说话。"聆听与关心是紧密相连的，所以当我们认真听他人说话时，他人自然而然就会感受到我们的关心。

你有没有过这种体验，你在跟另一个人说话的时候，他并没有认真听你说话。这种情况下，你会作何感受？你会不会有不被尊重的感觉？或者感觉自己不被重视。其实产生这种感受的原因很简单：当我们边听别人说话边想其他事情的时候，我们是听不清别人在说什么的。

认真聆听意味着在倾听的时候不分心，但在现实生活中很少有人能够做到这一点。我曾有幸与美国前总统比尔·克林顿进行了两次一对一的谈话。至今我仍然清晰地记得，当我和他交谈时，我感受到他全神贯注地在听我讲话。在谈话的过程中他会一直直视我的眼睛，会给我一种他对我说的话十分感兴趣的感觉。除了前总统外，我只遇到过一个人，当我和她在一起的时候，我觉得她唯一的兴趣就是和我说话和听我说话。我不知道这两位是不是都专门学过与他人交流的技巧，还是这是他们本身的特点，但是他们二人的魅力让我至今都难以忘记。

当然，我也还清晰地记得在与曾经共事过的上司交谈时产生的那些负面情绪。与他的交谈给我一种感觉，我必须在 30 秒内把要说的话说完，不然 30 秒后他的关注点就不知道跑哪儿去了。

一位女士在跟老板说话的时候，总是被打断，一天她直接对老板说："你能给我一个完整的 10 分钟，不被打断，让我表达一下自己的想法吗？"那次会议后，她老板对她说，这是他开过最好的一次会，女士也表示赞同。

下面这些技巧能够帮助你成为一个更好的倾听者：

- 在听别人说话时，不要自我假设。我们的大脑通常会比较容易接受那些与自身观念相一致的想法，这也就会造成认知的局限。
- 不妄加评判。有时，我们太固执己见的话，会导致我们封闭自己，听不进去任何人的建议，即使给我们建议的是我们最亲近的人。
- 保持好奇心。好奇心的奇妙之处就在于它能帮你降低防备。激发好奇心的一个好方法是问一些开放性的问题，比如，“你能再多告诉我一些事情吗？”
- 学习倾听。我们可以从那些与我们观点不同的人身上学到很多东西。
- 通过对他人感兴趣而不断使自己变得越来越有趣，这样可以有效提升你的学习水平。

以下是一些对个人和团体的额外建议。

给个人的建议

如果你是那种容易走神的人，但又想维系良好的人际关系，那么你可以试试这个方法：当你在听某人说话时，你需要在说话人说话的同时，自己也在脑海中用同样的音调、同样的速度准确说出同样的话。这样可以帮助你集中注意力，在他人说话的时候不去打断他人。

一些科学家曾表示，我们的大脑每 11 秒会同我们进行一次交流。一个人，每分钟大概能说 150 个单词，但我们的大脑每分钟能处理上千个单词，这也就是为什么我们会走神。要想能够控制自己不走神，一个有效的方法就是通过快速重复的技巧把关注点持续放在讲话者身上。

使用这个方法后，你会发现：

第一，你会变得更加集中，因为你的大脑并不闲适，它在不停运作。

第二，通过重复你听到的东西，可以使你对讲话内容印象更加深刻。众多研究表明，倾听加重复能够更好地帮助我们记忆。

第三，这个方法会使你在讲话者说话的过程中更关注他，从而帮助你更好地集中注意力。

给团队的建议

最好的方法之一源于一句印第安人的格言：“在我们真正了解一个人之前，我们必须穿着那个人的鹿皮鞋走一英里。”而在我们穿上别人的“鞋”之前，首先要脱下自己的“鞋”。这就意味着要完全站在对方的角度，用对方的思考方式看问题。

另一种吸引一个群体注意力的方法也是源于印第安人，那就是用一根讲话棍（或任何可以传递的东西）。只有拿着棍子的人才能讲话，讲话人觉得大家都听懂了他所讲之后，就会把棍子传给下一个人。听懂了不代表所有人都认同。这里主要想说的是，当另一个人拿着棍子讲话时，其他人不允许打断他发表自己的观点、争论或表示同意不同意。

当拿着棍子的人觉得大家都明白了自己想要表达的东西时，他就会把棍子传给下一个人。而在下一个人说话的时候，大家都听着。在这一过程中，说话人可能会要求其他人重复自己的观点，然后当他觉得自己的观点被所有人理解了之后，就会把棍子再传给下一个人。通过这个方法，所有成员都有 100% 说话和聆听的机会。当所有人都阐述完自己的观点，并知晓大家已经理解了之后，神奇的事情就发生了。焦点会自然转向解决问题。负能量减少，不好的感觉消失，相互尊重增加，人们会变得更有创造力，同时压力也会减轻。

这个方法之所以能成功，因为它重在强调澄清，而不是影响。就如前文提到的，当你的目的是澄清自己的观点，很可能最终会自然而然地对他人产生影响。这种方式下的影响，压力会减轻很多。

关键点

- 认真聆听对于良好的人际关系至关重要。
- 认真聆听意味着在听他人说话的时候不分心。

◉ 在别人说话的时候，如果你觉得自己没法集中注意力，那么你需要直视对方，然后在心中默默重复他说的每一句话。

Chapter 24 竞争与合作

竞争提高绩效，合作提高效率。

——马文·马歇尔

竞争无处不在，当你打开报纸，不管是商业版块、体育版块还是政治版块，你都能看到竞争的痕迹。每个人都有竞争倾向，当我们拿自己跟他人比较的时候，我们就陷入了竞争的怪圈。

竞争和合作都是自然产生的，它们各有利弊。本章我们将主要介绍二者与压力的联系。因为所有人都上过学，所以我在这里将以教育为例来阐述我的观点。

竞　争

毫无疑问，竞争能够有效提升人们的表现。不管是专业运动队还是业余运动队、中学乐团还是职业乐团，他们没日没夜地练习，都是受到竞争精神驱使。竞争是很有价值的，而且能够变得很有趣。这是我通过自己演奏高地风笛的亲身经历得出的。除了普通的风笛演奏外，我还喜欢一种只有8%的风笛手演奏的音乐。这种传统的管乐演奏又被称为“风笛曲”。毫无疑问，如果我不是为了参加这种音乐比赛，我完全不用花这么多年学习、练习这门乐器。

竞争也使竞争双方相互对抗。很多形式的竞争会使人们产生不安或失望的感觉，而这种感觉又会打击人们参与的积极性。而对那些本来就对某件事情不怎么感兴趣的人来说更是如此。这种情况一般从人的幼儿园时期就开始了。比如说，很小的孩子来幼儿园上学，同他竞争的是一群智力已经发展完全的大一点儿的孩子。当老师说：“孩子们，我们今天来比比谁画画画得最好。”这时，竞争就开始了。当然，我们所设想的情况是，这样的竞争能够激发孩子的潜能，使其全力以赴。但不幸的是，老师在这个比赛中，只设定了一位优胜者。即使所有孩子的作品都会被展览，但是结果只有一幅画是最好的。因为这个竞争活动，老师在毫无意识的情况下就给其他孩子带上了“失败”的帽子，究其本质，这时候就产生了成功者和失败者。

在学术和体育比赛中，失败能够锤炼人的性格。在人的一生中，不会万事顺利。然而，在读书的时候，尤其是当年轻人刚接触一些新知识时，成功吸收新知识能够增加他们的信心，就同他们学会走路和骑自行车一样。所以在前面的那个例子中，老师完全可以换一种方式，这样说："让我们拿出最好的绘画水平，完成作品。"以此来起到激励孩子们的作用。

竞争其实就是在给人们分类，会使人们变得沮丧，然后影响人们参与活动的积极性。根据成绩、成就和其他一些标准给学生分等级是我们生活中最常见的竞争性分类。我还记得我在上高中的时候，我的化学老师就是根据学生们最近的成绩来分配座位。

虽然说一些力争上游的学生可以被竞争激励，但是这样的评分只对那些对奖励感兴趣的学生有激励作用。并且，即使这些高分刺激能够对一些学生产生积极的影响，但是它却不一定对提升他们的工作质量有所帮助。原因在于，受这种刺激影响，他们的关注点就只集中于那些能够帮助实现高分的事情，而这些事情很有可能跟要实现高质量工作要做的事情是不同的。而且，它还会让那些觉得自己永远排不到班级前几名的同学感到沮丧。

除了上面所提到的，还有另一方面需要考虑。一些总是名列前茅的人，尤其是完美主义者，会产生一种情感上的矛盾。他们首先觉得自己不值得被排在同班同学前面，但当他们排名靠后的时候，他们又觉得自己没有发挥好。班级排名会削弱一个正在成长的组织的团队精神、学习动力和凝聚力。

教育界应该打破学生相互竞争的模式。竞争无益于高质量完成学业。老师可以简单地通过让学生们投票来证明这一点。问一下有多少学生认为自己在学校的表现已经达到最佳。在基础教育阶段，年级越高，越少有学生觉得自己做到了最佳发挥。

我们必须明白，分数在很大程度上与排名一样，也是一种激励。很多学生都想拿到高分。但是也有成千上万的学生对成绩不感兴趣，所以对于他们来说，成绩并不能起到激励作用。同理，虽然成绩可以作为一个刺激因素，但是它主要也只是外部刺激，在这种情况下，他们所失去的往往是高质量工作给他们带来的内在满足感。此外，在很多领域，获得好成绩并不被青年文化所认同。有些家长会很自豪的在自己的车上印上“我的孩子是本月最优”这样的字，这会让很多人都感到不悦，因为就像是在说“我家孩子打败了你家孩子”一样。

但我们也不应该责备父母的这种行为，我们鼓励孩子要做一个诚实的人。如果过于强调成绩，而不是让学生真切感受到学习的乐趣，学生就会不惜一切代价，想方设法拿高分。所以要想让孩子成为一个诚实的人，我们需要做的不是以打击作弊者的方式告诉孩子要诚实，而是要作体制方面的改变，或者最起码要在班级内部改变强调的重点，使学生们更加团结，更好地相互促进。出了学校，你会发现，大部分工作人士会采用合作的方式，共同完成任务。

分数竞争会改变学生的动机。老师们经常被学生问的一句话就是“这个会考吗”或者“这个算分吗”，在这种情况下，学习的重点就不再是学习知识本身，而是在外在的奖励和分数。但艺术表演课和职业规划课稍有不同，这两门课的成绩是学习质量的直接体现。艺术表演课的学生并不关心成绩，因为是热情、个性和成就促成了他们高质量的工作。同理，一个从事电力工作的人对只有一半的电荷传导不感兴趣，一个焊工也不会对只有 50% 成功率的工作感兴趣，一个机修工对只有 75% 概率修好的车也不感兴趣。对于牙医和飞行员来说，有什么能比完美高质量的工作更让他们感到满足的呢？质量才是促进满意度的因素，而不是一些外在的评价，比如分数。在任何学习活动中都应该培养孩子对质量的追求。但是如果老师或学生，过于看重分数上的竞争，那么最终的结果一定是差强人意的。

谈到教育，成绩永远不会退场。然而教育却不必被成绩牵着鼻子走，因为成绩并不会直接决定学习的质量。首先，教师可以做得更好，使用传统的以分数评价学生的方式，会自动将班上一半的学生评定为低于平均水平，教师应该避免这种情况的发生。其次，成绩应该被看作目标，应由学生和老师共同制定。教师在教学过程中应该作为一个协助者，帮助学生不只是学习掌握知识，同时还要帮助学生享受学习的过程。

说这些并不是为了贬低竞争，只是为了让大家明白竞争不一定是最有效的提升方式。另外，很明显当一个人在竞争失败的时候，他很容易气馁，并且会引发压力。

让我们再回到学校竞争的话题，但现在它关系到赢得老师的认可。传统的课堂教学模式是老师提问，然后学生举手回答问题。其实这种情况，学生之间也是相互竞争，为了得到老师的关注。让我们想象一下，当老师站在讲台上，提出了一个问题。七八个学生争先恐后地举手，恨不得戳到老师脸上，就为了向老师展示他们是多么聪明。而当老师只点了一个学生回答问题的时候，有些很想表现自己的学生就会很失落，甚至生气，因为在他们看来，他们失去了这次机会就不能得到老师的认可。同时那些本来就不想回答这个问题的同学在这时候也会深深松了一口气。而唯一的赢家只有那个被老师点到，又能给出正确答案的同学。这种现象全世界都有，而且竞争非常激烈。这对孩子们来说很重要，因为对他们来说，老师是他们幼小的世界中，最重要的人之一。

但这种以竞争为特点的教学过程却会影响同班同学之间的友谊。当你很想被老师点起来回答问题，但老师点的却是另外一个人的时候，你会在心中暗暗希望那个同学回答错误，然后这时候你就能说出正确答案，展现自己的学识。当你没有被点名或者你就没有举手争取回答问题的机会时，听到别人说出正确答案，你会变得嫉妒。

竞争环境不利于培养学生们的集体荣誉感。那些失败的人会嫉妒甚至憎恨那些成功的人。而且成功的学生总是自视清高，觉得自己高人一等，觉得那些失败的同学都很笨很傻。最重要的是，在一场竞争中，胜者只占少数，通常只有一个人，这也就意味着，在竞争中，失败者的人数总是会远远超过成功者的人数。

总结一下：

- 竞争可以作为一个激励手段提升表现，但另一方面也有可能会对学习效率产生消极的影响。

- 尤其是当你在学习一项新技能的时候，成功尤其重要。
- 竞争会产生有害的影响，有些人发现自己很少获胜，积极性也会受到打击。
- 而且竞争会让人们的关注焦点变成了赢或得到正确答案，这通常是以牺牲学习的乐趣和高质量的工作为代价的。
- 另一个需要考虑的是，学校通常注重正确的答案，但其实在日常生活中，“正确的答案”往往是未知的。
- 与竞争相比，合作能够更有效地面对挑战。

合　作

合作与竞争不同，正是通过协作，人们才能更高效地一起工作，取得成就。团队之间是竞争关系，但是在团队内部，成员们相互合作，才能取得更好的成绩。

美国人爱德华·戴明博士，向全世界展示了如何在降低制造成本的同时还能不断提高产品质量。“一战”后，日本生产出的所有产品都是既廉价又劣质的，可以说就像垃圾一样。但现在，你会发现自己的日常用品中，总有一些是日本制造。为什么呢？用一个词来总结就是：质量。在日本的制造业领域最负盛名的奖项就是戴明奖。戴明法的基本原则就是持续的自我检查和改进。传统的生产方式中，产品质量控制都是单独的一个环节，放在制造环节的最后。如果产品没有通过质检，前面流程所花费的成本就浪费了。戴明向我们展示了如何通过鼓励员工之间的合作来提高生产过程的质量。最终带来的结果就是：零残次品，在没怎么提高成本的前提下，大大提高了产品的质量。考虑到这一点，学校内应同学校外一样，更加倡导学生间的相互合作，而不是竞争。

戴明认为，加强员工间的协作，可以达到共赢。在竞争环境中，通常只有一个赢家，另一个就是失败者，胜利者能够赢得全部奖励，而失败者血本无归。但如果大家合作起来，共同努力，可能能将“饼”做得更大。竞争总是会增加人与人之间的障碍。戴明认为打破障碍之后，通过人与人之间的合作，他们能够获得更高的成就。他的原则是，要不断优化改进人与人之间的关系，突破阻碍，在人与人之间建立信任。他明白欲望不是强制产生的，内部动机才是实现成功的关键。

缺少协作，是美国教育体系不如其他国家教育体系效率高的原因之一。世界上最有效的教学制度是老师在制定教学计划的时候，有时间考虑每个孩子的不同需求，并将二者协调起来。在大多数的美国学校，教学方式都是老师进入教室，关上门，然后就跟主宰者一样面对学生。一个学校内教师间的合作交流也非常少，这种制度会削弱教师相互交流的欲望。不少教师会想：“我做了三个小时的教学计划，为什么要跟别人分享？”其实也不能说是老师们的错，要怪就怪体制不合理、不健全。

与其举手相互比拼以获得教师的关注，更好的学习方法是让每个学生与自己的“学习伙伴”合作讨论，共同回答老师的问题。这种方式能让全体同学都参与其中。即使是那些害羞的孩子，也需要跟另一个孩子合作。当我们以协作为基础来安排活动时，学习就不再是一种竞争，所有孩子都能参与其中，学习效果将得到大大提升。

这种合作优于竞争的想法并不局限于学校或工作场所。让兄弟姐妹学会合作，而不是竞争，可以显著改善家庭关系，同时减少家庭成员间的冲突，减轻每个人的压力。

如今，许多工作都是以团队形式完成的，团队成员相互协作。但是经常有人表示，团队中贡献最大、表现最好的人应得到奖励。因此，绩效工资的概念就被提出了，但这是基于一定前提的。那就是工资是工作的主要动力，毫无疑问工资当然重要，但当工资已经达到了人们的期望值，金钱对人们的推动力就会变得很低了，而这时候，人际关系和社会地位给人们带来的推动力就会更加明显。绩效工资本质上就是让同事之间相互竞争，所以它并不是一个帮助同事们相互合作、持续进步的有效方法。

协作的另一个优点就是它不会带来某些不好的影响。竞争总会使人们产生一种想控制局面的欲望。对于一些对抗式比赛来说，想要取得掌控权是本能的而且是非常必要的。但是当你想要以合作的方式完成高质量工作的时候，控制反而会起到相反的效果。

在生活中，我们无法逃避竞争，也不必逃避竞争。我们应该记住的是，一旦事情跟学习、工作或人际交往相关，合作会比竞争更有效地帮助你实现目标。尤其适用于那些以高质量工作为目标的情况。采用合作而不是竞争的方式完成任务也能有效减轻所有参与者的压力。

关键点

- 竞争是社会固有的现象。
- 竞争可以提升人们的工作表现。
- 合作可以增添动力，提高工作效率，提升人们的工作质量。
- 合作比竞争更能减轻人们的压力。

Part 8 小结

完美主义是一种略微病态的品质，会增加我们的压力。追求完美是一种目标，但在生活中的大多数时候，人们是无法实现的。认真聆听是一种技能，人们能够通过这个方式改善与他人的关系、减轻自身压力。与竞争相比，合作能够更好地帮助我们实现目标、提高效率，也可以有效帮助我们减轻压力。

总　结

不管你处于哪个年龄段，过于追求完美都会给你的人生带来不安和压力。追求高品质、非凡的工作、卓越的成就以及持续的进步是成功人士的标志。这种追求会促进人们欲望和满足感的产生，可以帮助人们不断进步。但如果过于追求完美，可能会起到相反的效果，当事情没有达到预想的时候，会让人们感到失望，甚至绝望。

在别人说话的时候做一个好的倾听者是所有人都应该具备的品质。当你完全集中注意力，认真聆听对方的话，抱着一颗学习的心，不做任何评价的时候，你会发现，你和说话者之间的关系会得到大大的改善。认真聆听能够降低我们的压力。

竞争与合作都是必要存在的，而且都是有益的，但竞争是一种自然倾向，而合作则需要有意识地努力。前者可以有效提高个人的表现，并且一般适用于团体间。另一方面，当个体之间采用合作形式而不是相互竞争时，往往会得到更好的结果，而且过程会更有效率，人们的满足感也会更高，并且合作比竞争带给人们的压力要低得多。

结　论

我们应该追求持续的进步而不是追求极致的完美，这样才能提升我们的满足感，减轻我们的压力，所以这里的主题就是“现在执行，过后改善”。当你学会在别人说话的时候集中注意力聆听，你会发现自己能学到更多，有利于良好人际关系的建立，同时能够大大减轻你的压力。你可以享受团队间的竞争，但是在团队内部，合作才是成功的关键。

Part 9

其他与压力相关的话题

麻烦人士

经济状况

衰老

击垮我们的不是压力，而是我们面对压力的反应。

——汉斯·塞利

汉斯·塞利出版过22本书，1 600多篇文章，几乎所有内容都与压力相关。他写的文章内容经常与爱的价值和帮助他人有关，但在这一章，我们不对前面所提到的这两大内容作详细介绍。作为本书的最后一部分，我们将介绍三个最常引发压力的事情。

与难相处的人打交道会给人际关系带来真正的压力。但我们并不需要面对所有难相处的人，有时候与那些消极的人产生冲突是完全没必要的。不管在与这类人交往的过程中遇到什么挑战，你永远没必要变成受害者。第二十五章“麻烦人士”中主要介绍了如何与这种难相处之人相处。

在许多家庭中，经济状况是造成压力最常见

的原因之一，在我们这个提倡物质产品带来幸福的消费社会尤其如此。基本上有两种方法可以让一个人免于财务困境：一个是减少消费，另一个是增加储蓄。这两种方式都会在第二十六章“经济状况”中进行详细介绍。

衰老是生活不可阻挡的特征。虽然衰老无法停止，但它可以被延缓。在第二十七章“衰老”中，我们就一起来讨论一下与这个话题相关的一些问题。

Chapter 25 麻烦人士

与人交往的时候，你要牢记，人们都是感性动物，而非理性动物。

——戴尔·卡耐基

人是社交动物，一生中会被无数的关系纠缠，而人生就是关系编织成的网。人们会很自然地被那些能带来快乐、成长和满足的关系所吸引。但我们有时也会发现自己需要跟那些不好相处的人建立关系。在跟这些人互动交流的时候总会产生压力、紧张或者焦虑，会给我们的情绪带来不好的影响，让我们暴露在不愉快的情绪之中。在本章，我将同大家分享，遇到这种不好相处的人，我们要做些什么，才能有效降低我们的压力，缓解我们恐惧、焦虑的情绪。

从被动转为主动

当你因他人的话语或他人所做的事感到被冒犯的时候，试一下从不同的角度看待这种情况。例如，同事没有回复我的信息，我可以当作他是故意不回我消息的，但换一个角度看，也许他只是很忙，或者家里有事，还可能是身体不太舒服，又或者他可能根本没收到我的消息，这些情况都有可能。当我们不再给他人的行为贴标签的时候，我们就能够更客观地分析理解他人的反应。人们会根据自己自身的情况决定采取什么样的行动，而较少会考虑他人。不要做最坏的打算，这会让你产生消极的想法和感觉。记住这句格言：

> 假设是许多错误产生的原因。通过开阔我们看问题的角度，能够有效降低误解产生的可能。

通常情况下，只要两个人在交流，总有一个人是话题的主导者，而另一个人就是跟随者。如果是一场健康的对话，两个人会轮流领导和跟随，但如果碰上那些不好相处的人，他们只喜欢带头，不喜欢拱手相让，而且他们经常设定一个消极的基调，还有可能不停问："怎么了？有什么问题？"你可以通过更改话题来结束说话者的滔滔不绝。你可以说"顺便说一句……"然后转向一个新话题。当你这样做的时候，你其实是通过引导和重新引导对话来设定一个更有建设性的基调。

我们面对难相处的人并非都需要直接采取对抗方式。接下来我将介绍两种碰到难相处的人的常见的情况，以及如何以非对抗的方式处理这些问题。第一种情况是，当你被某人暂时控制的情况。例如，与很不友好的客服代表通话的这种情况，只要你挂断电话，这个客服代表就没办法再对你施加影响。另一种情况下，你可能需要三思而后行，因为在你忍受他人一些不友好行为的时候，你可能能获得一些收益。比如，有时候即使遇上很讨厌的人，你也会忍耐，因为他真的可以给你的团队带来价值。我们应该记住，即使是那些难相处的人，也是有可取之处的，尤其是当你知道如何激发他们内在品质的时候，他们会更好地为你所用。

如果某些人总是惹你生气，先冷静下来，然后让他们知道他们的行为或沟通方式你无法接受。但记住不要用指责的语气表示，你可以用“当你……我觉得……”这种方式来表达自己的想法。另一种方法是通过问一个完全偏离主题的问题来打断他的滔滔不绝，就像前面所提到的那样。你要记住的是：问问题的人总是掌握对话的主动权。掌握这一技巧能够帮你处于主动地位，而不是只能被动防御或事后作出反应。

每个人都喜欢被认可。当我们觉得别人没在我们说话时认真聆听的时候，我们的内心就会产生一种消极的感觉。在这种情况下，首先你要向对方表达你的感受：“当你在会议上打断我时，给我的感觉是你不尊重我的劳动成果。”然后花点时间等待对方回应。你可能会发现对方并没有意识到你还没有说完，或者有可能你的同事非常认可你的想法，以至于她没忍住插了话。

另一个积极主动的方法是确保自己身边的人都是支持自己的。这样的话，在一个困难的情况下，大部分人都站在你这边支持你，有可能会让这个难以相处的人变得更容易合作。

把人与问题分开

每一次和他人的交流沟通，组成要素都有两个，你和这个人的关系以及你们讨论的问题。一个有效的沟通者知道如何将人与问题分开，对人要温和，但对问题要坚定。以下例子可以帮助你更好地理解：

> 我想好好跟你谈谈，但你大喊大叫的时候，我做不到。如果你现在冷静下来，我们现在就可以谈，要么出去一会儿，过一会儿再来，如果你做不到，就出去走一走，冷静一下，我们一会儿再谈。
>
> 我很感激你在这个项目上花了这么多时间。但与此同时，我看到还有30%的工作没有完成。让我们讨论一下如何按时完成工作。

人们产生抗拒心理的一个最常见的原因就是他们觉得自己不被重视、不被理解。人们通常习惯把这种人拒之门外，但是这却不是最好的方法，因为他们一旦看到机会，会变得更加激进。而对付这种人最好的办法是使用好的、积极的倾听技巧——就像你对待你真正关心的人那样。

站在他们的立场上考虑一下，他们想要什么？如果碰到这种情况的是你，你会有什么感受？这种简单的方法就能让你走得更远，因为一般人只在乎自己的观点，而不会站在他人的立场上看问题。认真倾听他人讲话，认同他人观点，对于对方来说非常重要，这也通常是解决问题的最快方法。

减少摩擦

有些人就不配我们花时间去跟他争论。你的时间是有价值的，所以当你碰到一个消极且没什么价值的人的时候，不要为了说服或改变他们浪费你自己的时间。俗话说得好："物以类聚，人以群分。"不管你是在和一个难相处的同事还是一个烦人的亲戚打交道，都要有策略。要么你就尽可能跟他们保持较远的距离，然后不再想他们的事情。

另一个你需要有所意识的就是，你无法改变他人，想要改变他人只会徒增你自身的压力，因为他人是不会被你改变的。而且，与其用否定、责备或拒绝的态度面对一个难相处的人，不如简单地给他们反馈，然后让对方决定如何处理。把反馈看作分享建议，而不是批评。重要的是不要强迫或期待他人能立即作出改变。

人们对他人抱有不切实际的期望是很常见的。我们经常希望别人能跟我们的想法一致，但是这并不现实。每个人的个性特征、思维方式和信息处理方式都是根据自身特有经历形成的，而所有这些又会对他们的思想和行为产生一定的影响。期待别人做你想让他们做的事情，最终只会给你自己添堵。

不要卷入斗争。避免跟难相处的人产生争执的最好的方法就是控制好自己的情绪。当你可以很好地控制自己情绪的时候，你就能避免不必要争执的产生。记住，一旦你接受了不是每个人都会喜欢你，你可能也不喜欢别人的事实，负面情绪就会大大减少。一旦你有了这样的心态，困难的情况就可能会得到改善。

不要反抗，越反抗，越糟糕。当你总是仇视他人的时候，他人也会这么对你。花一些时间了解一下他人的观点，问他们一些能够帮助你理解他们看法的问题。

聪明人会从不同角度看问题，拓宽自己的视野。通过多角度看问题，一个人可以从不同的方面去认识事物。而且往往是那些挑衅我们的人，会促使我们产生不同的见解。要记住，你也不是完美的，但人们仍然需要容忍你。

有同情心的人更容易看清问题的本质并找到解决问题的方法。与那些难相处的人一同工作的时候，同情心也是需要有的。同情心让你看到对方可能也正在寻找解决问题的方法，如果你能从这个角度思考和行动，你可能会把“同情”传递给对方，而这有利于你们双方关系的改善。

不要扮演受害者的角色

尽管难相处的人可能会利用他们的优势与我们相处，但我们依然有选择自己是否扮演受害者角色的权利。我们要明白，这是一种选择。当你明白这一点，你就可以自己决定他人能对你产生多少影响。当你想要跟他人保持情感上的距离时，认识到这一点就变得非常关键，同时这也是帮助我们减轻压力的关键方法。

不好的人很有可能会将你困在他们“问题的海洋”。他们并不想解决问题，他们也觉得不开心没什么大不了。他们会强迫你跟他们一起自怨自艾，浪费你的时间。不要让他人决定你是否快乐。当你不再把自己看作受害者的时候，你就能够完全掌控自己的幸福，你就可以微笑面对生活，继续前进。

倾听问题和深陷抱怨者的负面情绪之间存在一条微妙的界线。你应该认清自己的底线，让自己与那条线保持距离。

保持冷静

当你碰到一个不讲理的人时，首先要做的就是保持冷静。你越冷静，就能越好的判断情况。你的所有情绪都会通过你的面部表情、声音和动作表现出来。当你和别人说话或面对别人时，你会给他人一种外在的印象。要想让事情朝好的方向发展，给人留下积极、专业的印象是非常重要的。

当你因某人感到生气或心烦意乱时，在你可能会做一些让你后悔的事或说一些让你后悔的话之前，使用我在第八章“控制冲动情绪”中提到的冲动管理技巧进行情绪管理。让我们复习一下，首先想象一个停车灯，深吸一口气（红色），想想你有什么选择（黄色），然后作出选择（绿色）。在你采用这个方法的过程中，你会想出一些更好的沟通方式，这样，你就可以一步一步解决问题，而不是让问题升级。

尽管很有挑战性，但与一个难相处的人打交道也是一种学习的经历。把面临的挑战当作“关系之镜”，让这样的经历开阔你的眼界。当你发现别人的缺点的时候，想一下自己是不是也有这样的缺点，正如杰瑞·宋飞在《宋飞传》中说的一句话：“我不想娶她，因为她跟我太像了。”

不管我们怎么努力，总会有人让我们感到心烦。重要的是，当你被这些人惹恼的时候，你要怎么处理自己的消极情绪。不要总想那个人有多烦人，把注意力放在自己所能作出的反应上。只有你自己能创造你人生的“按钮”，别人只是不断给你施压而已。

找到自身复杂情绪的出发点，你就能更好地预测、减轻和改变自己的反应。改变自己的观点、态度和行为要比要求别人作出改变要简单得多。

你对他人什么态度，他们一般也会用这种态度对你。当你对一个人很不礼貌的时候，他们自然也不会尊重你。

如果所有方法都没有效果的话，那就不要再与那个让你产生消极情绪的人接触了。你可以选择离开，然后继续做自己该做的事情。如果是工作中，你可以换个地方工作或者坐到会议桌的另一个对角，离冲突者远远的。有了一定距离，你可能能从多角度看待事情，变得更有同理心，然后你可能还能再返回去，继续跟那些你喜欢和不喜欢的人交流，就像之前的冲突都没有发生一样。

当和年轻人打交道时，告诉他们你需要“冷静”，这与通常强制暂停的做法不同，可以有效帮助你暂时摆脱困境。通常情况下，年轻人之后会自觉来找你解决问题，这种方法非常有效。

学会幽默

如果运用得当，幽默可以让你明白，与生活中更大的问题相比，现在的情况是多么的微不足道。幽默能够立即缓和那些紧张氛围，适用于所有类型的人际关系。当你和另外的人的交流情况并不理想的时候，你可以用幽默缓和气氛。这种方法能够有效缓解双方的消极情绪。例如，当别人打断我说话的时候，我经常会说这句话：“请原谅我在你打断我的时候说话。”

可以这样想，即使你的幽默不能改变现在的消极情况，但至少你会放松那么一下下。在第十五章“睡眠、营养和欢乐”中提到了幽默和笑声的作用。当然，如果我们能把难缠的人赶走，一切都会变得容易些。但是我们都知道，生活不是这样运作的。

最后，和难相处的人打交道，就像两个豪猪做爱一样，一定要——小心！

关键点

- 从被动变为主动。
- 要把人与问题区分开。
- 减少摩擦。
- 不要扮演受害者角色。
- 保持冷静。
- 学会幽默。

Chapter 26

经济状况

财富不在于拥有大量的财产，而在于拥有较少的欲望。

——埃皮克提图

要想攒得住钱，最简单的方法就是花的比挣得少就可以了，或者挣的比你花的多。这章将分别介绍这两种方法。

花少点儿

按照你的挣钱能力，严格控制自己的花销，能够增加你的满足感。对一些人来说，控制购物冲动这种事情对于他们来说可能很容易，但其实我们所有人都不需要成为冲动的受害者。

以下的一些想法和建议可能能够帮助你省钱。当你努力让每一块钱都花得有价值的时候，你就可以更充分地享受购物的过程了。

调整心态

我们要明白，购物就是花钱，而钱本身并不能带来幸福。纵观历史，世界上大多数人一生的大部分时间都生活得很贫困，但他们却依然很幸福。

你要明白在自己的生命中，什么最重要。要思考自身价值，你可能有时候会买一些与自己价值观不搭的东西。另外，坚持自己的价值观可以同拥有物质财富一样给你带来快乐。很多百万富翁最终走上了自杀的道路，所以金钱是无法带来幸福的，虽然它有可能给你带来暂时的满足，但是却很少能真正带给你幸福。

信用卡

当我妻子重返大学时，我给过她一个建议："永远不要落下功课。"同理，我在这儿建议大家"永远不要错过信用卡付款"，一旦拖延，后面就很难再还上了。

把自己手中信用卡的数量控制在两张以内，并且每个月至少要还清最低还款金额。其他可以考虑的策略有：使用零利率信用卡，使用现金返还卡可以有效降低利率，在购物的时候如果信用卡有现金折扣也可以使用。

如果你使用信用卡或借记卡，控制不住自己想花钱的欲望是很自然地，用现金购物或开支票购物可以大大减少冲动购物。

购　物

当你准备购物的时候，问问自己："从长远来看，如果我把钱花在这次购物上，然后背上更多的债务，我真的会更快乐吗？”

如果你只把钱花在必需品上，不仅可以控制你的开支，甚至可能还会享受不受诱惑的过程。

减少不必要的购物，比如，如果你没什么特别想买的东西，不要在逛街、逛商场或逛网店的时候，就因为看着某个东西便宜，或者自己喜欢，就控制不住自己剁手的冲动。你购买的东西应该在自己原本的计划之内，把钱花在你需要的商品和服务上，不要冲动购物。

理性地看待那句“一分价钱一分货”。有些人愿意花高价只是为了炫耀自己有钱，高质量的产品价格不一定会很高。

你可以尝试一下在二手商店买东西，也许你会发现这是个不错的选择。

如果你是连锁超市的会员，在购买商品时，要按自己需要的数量购买，不要因为他们捆绑销售、单价便宜就买很多自己不需要的东西。有时候，少量购买可能花费会更少。

商店的货架上摆满了各种各样会诱使你冲动消费的商品，这就是市场营销。对商家来说，你买得越多越好。所以每次去购物之前，在家提前列好购物清单，到了超市严格按照购物清单购买。提前计划可以帮你抵制那些不需要的产品对你的诱惑。如果和孩子一起购物给他们点事儿做吸引他们的注意力，这样他们就不会缠着你给他们买他们看到的东西，你就可以更好地按自己的购物清单合理购物了。当然，在购物时你可以随机应变，但也要有成本意识。

除非绝对必要，否则远离商店，这样做会减少剁手的冲动。找点其他事做，转移注意力。例如，与其逛街，不如去周围的公园散步，或者如果你喜欢散步的话，在小区周围转转也不错。

灵活选择品牌。太忠诚于某个品牌，很有可能会增加你的开销。如果你愿意尝试一些打折商品或购买一些能使用优惠券的商品，说不定能帮你省不少钱。

要认清自己的经济能力。例如，在你经济允许的状况下再去买房。多年期抵押贷款是很难付清的。花点时间制定每周和每月的预算。你甚至可以找个会计师帮你看看这些预算，第三方可能经常会提到一些你忽略的事情。如果你决定去买房子，一定要出价低于卖价。买房子虽然是一个感性的决定，但也需要讨价还价，要准备好对一个负担不起的梦想说不。

存　款

每个月把你工资的 10% 存起来，你会发现自己还挺喜欢这个挑战的。我刚开始当老师的时候，我会把工作十个月的工资存起来一部分，然后在我暑假没有工资的时候拿出来用。因为我把存钱看作一项挑战，所以我还挺享受的。

开一个免费的银行账户，有许多银行和信用合作社提供免费账户。此外，只使用银行联网的免费自动柜员机存取钱，这样就不会产生交易费用。

家庭需要考虑的

购买保险时，选择最高的免赔额。你可以节省很多钱，当你的房子、汽车或者你的健康出现问题的时候，保险能够帮你支付绝大部分费用。

当你想买手机的时候，记得货比三家，看哪家最好，以及要考虑清楚，你是否需要另一个手机。

在为了节约电费买太阳能电池板时，要提前做好关于不同类型太阳能公司的调查。一些公司直接销售太阳能电池板，其他公司可能提供太阳能电池板出租业务。所以你要考虑清楚，哪种方式能够帮你在短期和长期减少电费支出。

学会做饭，做饭比买饭便宜得多。如果你不知道从何下手，那就去书店找点关于做饭的书看，或者到网络上找点教做饭的视频看。你可能会发现自己被这项新挑战深深吸引。

当你去一家餐厅吃晚餐的时候，让服务员给你看午餐的菜单。如果餐厅不提供午餐菜品，那你可以晚餐吃一半，另一半打包带走。少吃点儿，剩下的打包，既能帮你省钱，又能防止你积食，何乐而不为呢?

其他需要考虑的事

不要相信广播和电视中的广告，广告就是商家的营销手段。在你花钱之前，好好想想这东西你是否真的需要。

试着坚持记录一两个月你的每日每周开销。当你看到自己的钱都花到哪儿去了，你就会有意识地减少不必要的开支，在花钱时更加谨慎。记录每日每周开销是做预算的第一步。你可以在网上搜一下“做预算”，学习详细步骤。

多去图书馆。你会惊喜地发现你和你的孩子都很喜欢那儿。有的图书馆甚至还有故事时间、手工时间和纪录片放映等活动。你可以在那儿借书、光盘、碟片、有声书等。但是我们要明白，看只是一种被动的活动，而阅读却具有主动性，所以阅读会给我们带来更多的满足感。

关于锻炼，与其充健身房的会员，在健身房锻炼，不如试试我妻子的锻炼方法。她会买一些关于锻炼身体的光盘，然后在家跟着光盘做，不仅锻炼效果非常好，而且还低碳环保，节约时间。

挣更多钱

挣的比花的多就会产生盈余，所以你也可以把重点放在增加收入而不是削减开支上。与削减开支的方式不同，挣更多的钱需要花费你更多的时间、精力，你需要更加专注，而且有时还需要一点儿运气。所以可能你需要打双份工、做家教，有时还需要在学习上投资更多。但当你成功时，你会发现回报是非常丰厚的。

网 络

近些年来，通过网络赚钱的机会越来越多，你可以通过在网络上卖自己的创意赚钱。这部分内容将激发你的灵感，很有可能帮助你增加来自互联网的收入。

首先在网上搜索一下“如何在网上赚钱”这类问题。但要格外小心，太多的网站只提供销售宣传，试图诱惑你报名一些研讨班、网络研讨会、培训课程等其他要花钱的项目。有通过合法的途径在网上赚钱的方法，但它们并不能帮助我们快速致富，它们中的大多数需要我们费很大工夫，花很长时间，耗费很大精力，才能得到最终的回报。

如果你愿意，可以学学如何开一个自己的网络站点，个人网站、网店、微博站点都可以。你需要选择一个平台，申请开通资格，还需要个模板来装扮你的站点。当然你的网站还需要内容，越充实越好。你可以在你的网站上分享内容、卖东西、分享图片和电影等。但要做这些事，你也需要花很长时间，并且竞争非常激烈。而且要想让你的网站或者网店在搜索引擎中名列前茅，被更多人看到，你还需要具备一些关于互联网营销的专业知识。

搜索引擎优化（SEO）是一项重要的网络营销技能。如果你发布的内容从来没有被人搜索过，那么在网站上发布东西就是在浪费你的时间和精力，这也正是关键词和关键短语如此重要的原因。你在网上提供的服务或发布的产品将要根据搜索引擎优化才能被别人看到。雇个互联网营销高手教你或者帮你运营网站是个不错的建议。

亚马逊有一个“合伙人”项目，对外提供查找商品和服务的搜索引擎。当有人通过这个平台购买你的商品的时候，你将获得报酬。如果你想在网上买东西或服务，你可以更深入地了解一下这个项目。

FBA 是亚马逊物流的缩写，最近变得越来越火。基本上就是，你购买产品（最好是批量购买），然后把它们送到亚马逊（Amazon）去储存。然后当你的东西卖出去了，亚马逊会直接帮你把商品包装邮寄出去，最后把挣的钱转给你。有些人完全靠 FBA 赚钱养活自己，而有的人只把它当作自己的副业。

EBay 可能是现在最受欢迎的购物网站。你可以在 EBay 上卖掉家里闲置不用的东西，如那些你不需要的东西，或者你不穿了的衣服等。你可以学习了解一下 EBay 是如何运作的，然后找有经验人士取取经。现在就开始吧，在 EBay 上注册一个账号，卖点儿自己不要的东西，赚点儿钱，正好顺便收拾收拾家。

亚马逊与 EBay 最大的不同就是 EBay 是主打个人交易的二手市场。而亚马逊是由第三方提供新旧商品，是同沃尔玛一样具有同等规模的大型交易平台。

在 Etsy 上适合出售手工工艺品和商品。利用这个网站赚取外快的金额是非常可观的，这个网站基本上就是手工艺者和艺术家的 EBay。如果你想在 Etsy 上建一个卖家账户，你需要创建一个虚拟店面，并展示至少五件待售商品。

克雷格列表（Craigslist）就是网络版的分类广告，在互联网出现之前，分类广告主要在日报上出现。这些快速广告的曝光率很高，而且还有地域联系。技术层面上讲，在克雷格列表上发布广告很简单，但是人们总是怕在发布广告的同时会暴露自己的个人信息。因为如果你想要在克雷格列表上发布广告，你要先进行邮箱注册。

很多人喜欢通过 PayPal 购买商品和服务。有一个 PayPal 的账号是十分必要的。不管是在亚马逊、EBay、Etsy 上，还是在 PayPal 上售卖商品，网站都要收取一定的手续费。但是，如果你接受信用卡支付的话，PayPal 是免手续费的。iTunes 苹果商店也是一个销售平台。记住，所有收入还要考虑税金的扣除。在网上做生意，一定要做好记录。在开始你的网络事业之前，先咨询专业人士美国国税局（IRS）关于网上交易的相关规定。

如果你是一个音乐家、作家、艺术家、技术宅、专家，或者你制作了一些有价值的音频、视频或文本，你可以在 iTunes 苹果商店出售。很多人靠在苹果商店卖东西挣钱。

Fiverr 也是个赚钱的好网站。基本上，每件东西 5 美元起。你可以分解自己售卖的服务，每部分 5 美元。如果你是卖艺术品的，而且你不介意分开卖，这就叫分解。你可以把分解的各个部分组合，然后收高于 5 美元的价格。

自由作家是网上最受欢迎的赚钱职业之一。许多成功的自由作家平均每个字能赚 50 美分到 1 美元。首先你要做一份简历。写作需要花费精力和时间，重要的是要记住，好的作品要多改。但是如果你喜欢写作，那么通过自由写作赚点儿外快也是不错的选择。

关于写作，市面上现在有成千上万的现成电子书，人们对电子书的接受程度不断上升。但很多电子书几乎卖不了多少钱。商家总是通过在电子书中添加产品或服务链接赚钱。你需要知道的是，商家是通过卖产品和服务赚钱的，而不是电子书。

网站联盟是指你允许合作伙伴在你的网页上发布产品和服务的广告，你的合作伙伴也一样。你只需在你的网站上放置一个链接或打个广告，然后如果有人点击并购买产品或服务，你就可以得到一定比例的回报。但这要求你要有充足的时间和相关的网站联盟经验，你可以向有经验人士多多请教。

如果你可以保持几周或几个月的连续服务，那么你可以试试通过订阅服务挣钱。你的产品每发一次，就能挣到一次的钱。产品和服务必须是客户通过订阅你的网站获取的。

同其他创意一样，制作视频也能挣钱。有很多人通过在YouTube上发布自制视频赚钱。许多博主也开始用视频来记录他们的生活，又称为微视。

成为一个虚拟助手也是赚钱的一种方式。作为虚拟助手，你可以同时为多个客户提供服务。你会被分配到一些任务，如写博客、做研究、回复邮件、做社交网络，或者在Facebook和其他网站上发帖。

其他可以考虑的

小学、初中、高中学生的课业辅导需求很大，不管是面对面辅导还是在线辅导。同其他兼职机会一样，做一个课外辅导老师，时间也是比较自由的。

如果你想要找一份正式工作，那你可以先从实习生做起，实习的同时在求职网站上找找自己感兴趣的行业。你可以在ZipRecruiter这样的网站上发布你的求职简历。现在的图书馆又可以叫媒体中心，在那里通常提供免费的上网服务。

如果你已经退休了，不要把退休当作多年工作的回报。如果这是你的定势思维，不久你就会发现，你的退休金很快就会被用光。

记住，人往往自己给自己压力。多留意自己的财务状况，好好管理，有利于减轻我们的压力。

关键点

- 钱，要么少花点儿，要么多挣点儿。
- 要有一种买东西就是在花钱的心态。
- 想想自己的价值，关注生活中真正重要的事情。
- 认清自己的经济能力，实事求是。
- 学习网络技能。
- 与招聘机构合作。
- 使用图书馆提供的资源。

Chapter 27

衰老

小的时候，总因为长大开心，而真的长大了的时候，却再也笑不出来了。

——乔治·萧伯纳

同你生命中的其他冒险一样，你的心态能够影响你的情绪的压力水平。这章将主要讨论影响衰老的身体和心理因素，以及如何通过控制这些因素减轻自身压力。

老年人认知退化程度与他们所承受的生活压力有关。生活压力越大的老年人，认知退化得越快。一个人如果在生活中承受了巨大压力，那么他的短期记忆的能力会受到一定程度的影响。压力会在很大程度上影响大脑中形成新记忆区域的运作。如果老年人的生活中没什么压力的话，他们的认知能力不会跟年轻人有什么差别。这说明了压力会在很大程度上影响人们的脑功能，而且年龄越大越明显。

选择一种压力较小的生活方式，不仅有利于身体健康，帮你获得成功的人生，而且还可以抵抗衰老带来的负面影响。记住，要想延缓衰老，不仅有一些我们需要做的事，而且还有一些我们应该远离的事，如焦虑、吸烟、酗酒、不健康饮食、缺乏运动、睡眠不足、孤独、脱离社会等。

随着年龄的增长，我们的生理和心理能力都会呈现一种自然下降的趋势。随着年龄的增长，我们身体中的脂肪会增加，肌肉会减少，从而导致新陈代谢率、体力的下降。所以我们应该如何避免这种情况出现呢？首先，别总想着奇迹会出现。别想着皱纹、白发、秃顶或性欲下降这些事能瞬间消失。然而，以目前的整容水平来看，有些情况确实可以通过美容和医学治疗得到改善。

为了减轻变老带来的压力，本章主要给大家介绍如何优雅地享受一生，如何缓解年老时需要面对的一些问题。本章内容包括众多与衰老相关的话题，有些可能你本来就知道，有些可能需要你积极参与。这些内容可以有效帮助你减缓衰老，生活得更幸福。

运　动

首先也是最重要的，每天运动，保持身体强壮。人的肢体就是为运动创造的，不是为了静止。

就像其他肌肉一样，当受到挑战时，你的心脏才能更高效地运作。为了调节心血管，你可以多锻炼，如慢走、游泳、跑步或者用一些机器辅助你的锻炼。有氧运动能够帮助你保持健康体重，维持正常血压，保持动脉的灵活性。此外，有氧运动是处理压力的最佳方式之一，它可以帮助你更好地排除体内废物，有利于维持健康的身体。

除了有氧运动，还要进行一些力量训练来增强骨骼，减缓骨质流失，包括伸展运动。随着年龄的增长，我们的肌肉会收缩，它们会失去纤维，体积和密度会缩小。瑜伽、太极和普拉提可以锻炼一个人的肌肉和平衡能力，有助于维持身体健康。如果你负担得起深层按摩，你可以找一个按摩师帮你放松身体。

除了肌肉收缩外，骨骼的大小和密度也会变小，这会导致人们变矮，骨骼也没年轻时坚硬，所以年纪大了更容易骨折。人变得没有年轻时灵活，身体协调性也大打折扣，进而影响人的平衡感。当你早晨刚醒来的时候，可以先坐在床上缓一会儿，然后把手放到自己的膝盖上，帮助自己下床。失去平衡会变成常事，所以你要多加注意，尤其是在穿衣服的时候，注意保持平衡感。当你单脚站立穿袜子的时候，想要保持平衡的最简单方法就是，要么直接坐下，要么找个可以倚靠的地方靠着穿。

要想减轻背部的压力防止得一些与背部相关的疾病，当你想弯下身体时，不如抬高你的膝盖，放松臀部。腿部的肌肉是最结实的，所以抬腿比弯腰要好得多。当你提着重物的时候，让物品紧贴你的身体。

在讨论运动和年龄这个话题的时候，还有一个必须要提到的，就是声音。老年人的声音和年轻人的声音很容易区分。我们发出的声音需要肌肉运动，就像任何肌肉一样，不使用就会萎缩。要想防止声音衰老，每天大声读书是一个不错的方法，就算读的时间不长，也能加强声带振动，保持声带活跃。

睡　眠

保持充足睡眠。高质量的睡眠对治愈、修复血管和保持注意力集中很重要。每个人所需要的睡眠时间各不相同，但对大多数人来说，7~9 个小时就足够了。你可能会发现，随着年龄的增长，你需要更多的睡眠来保持精力充沛。午睡 20 分钟，能让你精神一下午。但当你午睡时间过长时，又可能会影响晚上的睡眠。

饮　食

年纪越大，越难保持体重。当你的年龄不断增加，身体肌肉会迅速下降，然后脂肪就取而代之。由于脂肪组织燃烧卡路里的水平远不如肌肉组织，所以要想保持体重，你需要严格控制卡路里的摄入。所以要想保持体重，你就要多运动。锻炼身体不仅有利于身体健康，还可以帮助你控制体重，何乐而不为呢?

注意多喝水，控制饮食。吃是生活带给我们的不公平挑战之一。我们年纪越大，需要摄入的食物越少，但是我们却变得越来越享受吃这件事。也有很多人吃得少的时候感觉较好。MIND

（推迟神经元退化的地中海饮食干预策略）饮食模式能够减少得阿尔茨海默病的概率。这种饮食包含丰富的浆果、蔬菜、谷物和坚果。

想要了解更多与影响相关的内容，可以阅读第十五章“睡眠、营养和欢乐”。

记忆力

随着年龄的增长，人的注意力会变得容易分散，行动也会放缓，记忆力也会越来越差。年龄大的人要想记住别人的名字或一些信息，需要花更多的时间。由于大脑在思考时是以图像形式在脑内部处理的，所以多训练脑成像可以帮助我们提升记忆力。还有一点要提的就是，锻炼可以促进你体内血液的流动，大脑血液流动顺畅时，记忆力较好，这也是我们需要锻炼的另一个原因。

你也可以通过新的学习来刺激大脑，从而保持思维活跃。这些活动包括智力游戏、学习一门新语言、学习演奏乐器和阅读。与看电视不同，看电视是被动活动，而刚刚提到的那些活动是主动活动。主动活动通常能比被动活动带给人们更多的享受和满足感。

社　交

随着年龄的增长，社会关系变得至关重要。如果你独自生活，可以考虑收养个宠物。如果你身边的人去世了，可以考虑加入一个互助小组来帮助你度过悲伤。你也可以考虑搬到一个社交比较活跃的地方生活，社交有助于预防抑郁和抵抗压力。这两者都会对人的记忆力产生优良影响。多和他人互动交流，书法和写作能够增强你的大脑活动。手写信对收信人和写信人来说都是保持联络的好方法。

参加志愿者活动不仅可以让你动起来，而且你可以在帮助别人的过程中获得满足。

研究发现，人们一生中参与的活动越多，他们对阿尔茨海默病的抵抗力就越强，无论是身体上、社交上还是智力上的。换句话说就是，保持活跃，多见朋友，知道自己在做什么，有明确目标，这些都能降低人们得阿尔茨海默病和其他神经问题的风险。

视觉和听觉

很多人随着年龄的增长，视力也会不断下降。要想改善视力，白内障手术是最快、最有效的方法，只需几分钟就可以更换一个晶状体，然后你会发现自己的视力得到了很大程度的改善。另外，还可能会出现视觉分散和难以适应不同亮度的问题。所以，你需要经常做关于眼睛的常规性检查。

如果你发现阅读变得越来越困难，在你进行年度视力检查之前，在当地的药店购买个老花镜帮助你阅读。

年龄的增大还会影响人们的听觉，当你年龄增大你会发现，听一群人说话变成了难事，而且想听到那些高频声音也变得困难。现在的助听器先进多了，以前我岳母的助听器就是一个带在脖子上的盒子。为你的年龄感到骄傲，不要因为虚荣心影响了你的快乐。现在有很多助听产品能帮助听力不好的人进行日常交流，也有能够帮助你看电视的助听设备，这样你就可以跟别人一起看电视了。

牙　齿

为了清理口腔内积聚的牙菌斑，你应该定期安排牙科检查。牙菌斑可能会对心脏造成不利影响，牙龈可能会萎缩，如果睡觉时口腔过于干燥，可能会很容易口腔溃疡或者口腔感染。因为随着年龄的增长，口干变得很常见，所以现在有专门针对口干的漱口水，它们的广告也随处可见。经常刷牙，饭后使用牙线，用小刷子刷牙缝，这些都是好习惯。这些方便的小刷子不仅可以清除牙缝中的食物残渣，同时还能刺激牙龈。从长远来看，保护牙齿不仅可以省钱，还可以帮助你避免蛀牙带来的疼痛和压力。

皮　肤

随着年龄的增长，皮肤会因天然油脂的减少而干燥，我们将其称为细胞衰老。皮肤也会变得更加脆弱和缺乏弹性，皮肤的自我修复能力下降。因为外层皮肤下的脂肪组织会随着年龄的增大而萎缩，所以老年人更容易受伤。随着年龄的增长，皱纹、老年斑等皮肤问题越来越常见。在户外，特别是在上午 10 点到下午 4 点之间，一定要记得涂防晒霜。保湿霜或润肤露也可以改善皮肤干燥。尽量减少长时间的热浴。除非真的需要每天洗澡，不然尽量减少洗澡的次数。使用温和的肥皂，如多芬，并且只在必要的地方使用肥皂，不要全身都用肥皂。

性　欲

随着年龄的增长，性行为会发生变化。疾病或药物可能会影响享受性爱的能力。对于女性来说，阴道干涩会造成性生活不适。对男性来说，阳痿可能会成为一个问题，男性可能需要更长的时间来勃起，而且勃起的时间和强度可能大不如前。因为每个人都知道随着年龄的增长身体会发生变化，如果你有这方面的顾虑，那就和你的伴侣分享吧。尝试不同的姿势，咨询医生，也可以采取一些医疗手段。

退　休

退休是人生的一个新阶段，有新的机会和新的经历，如果你能保持积极的心态，那么你退休后的生活大部分时间都将是愉快的。和一个退休后积极生活的人交谈，你可能会听到这种话："我太忙了，完全没有时间工作。"

其他相关事宜

尽管大多数祖父母都喜欢和孙辈们待在一起，但许多祖父母可能会发现自己又开始扮演起养育子女的角色。碰到这种情况，他们可能会感到压力，也可能不会。如果你发现自己碰到这种情况，我强烈建议你去 PiperPress.com 上找一本书看，《无压力的养育：如何培养负责任的孩子》，可能会对你大有帮助。

如果你是个护理人员，在照顾健康状况不佳的客人前，记得先保证自己的身体健康。这与每架飞机都会提示的内容相得益彰，那就是当遇到紧急情况，在你帮助别人前，先自己带好氧气面罩。要记住，你照顾的人一定也想让你先照顾好自己。

即使阿尔茨海默病发生的概率很小，提前做好预防也是明智的选择。提前立好遗嘱，合理理财。如果你有人寿保险单，一定要和其他重要文件放在一起，然后一定要告知受益人这些文件的存放位置，不然就白费了，因为很多保险公司不接到索赔要求，是不会进行赔偿的。

这章给出了很多关于应对衰老的建议，让我们在这里再进行一个快速回顾：

- 坚持学习，读不同类型的书籍，培养点新的兴趣爱好，学习一门乐器。
- 定期进行一些认知能力锻炼和身体素质锻炼。
- 维持、加强社会关系。
- 多出门，探索新鲜事物。
- 保持积极乐观的心态。
- 避免与消极的人接触，即使他们是你的亲人。
- 认真勤奋。
- 花时间参与有意义和有目标的活动。
- 保持心脏健康，心脏健康了，大脑才能健康。
- 按照 MIND 饮食法进食，多吃新鲜水果、蔬菜、鱼类，减少盐的摄入。

记住，采取健康的生活方式永远都不晚。衰老的过程是无法停止的，但你可以让它慢下来。

三个需要注意的事项：

- 少喝酒。喝太多酒不利于你的身体健康，而且还会导致断片。
- 禁烟。抽烟会造成动脉硬化，会让你的血压升高，心跳加速。经常抽烟的人更容易得阿尔茨海默病，而且衰老得会更快。

- 小心不要摄入或吸入任何会对你大脑产生影响的东西，大脑是你最珍贵的财产。

善待自己，对自己有耐心，学会积极调整自己的状态，学会享受过程，把年老视为自己人生新的征程。

关键点

- 每天运动，保持身体健康。
- 有氧运动、力量锻炼和伸展运动可以延缓衰老。
- 充足的睡眠和脑力活动能使大脑保持活跃。
- 适量的健康饮食可以增进身体健康。
- 保持积极心态，快乐生活。
- 保持社交。

Part 9 小结

跟难相处的人交往可能会给人带来压力，但是有很多可以应对压力的措施。经济问题会给人带来压力，但即使是这种压力你也是可以通过改变自己的心态，采取一些措施，进行缓和的。衰老的过程是我们无法阻止的，但是我们可以通过健康的生活，延缓衰老。

总　结

与难相处的人沟通交流对我们来说是一项挑战，而且可能这个过程中会伴随压力的增加。然而，缓解这种情况带来的不安和挫败感的方式有很多。首先我们要采取主动态度，拒绝被他人冒犯。永远不要扮演受害者的角色。保持冷静，通过幽默来消除消极情绪。

要想省钱，最简单直接的方法就是：花少点儿，赚多点儿。有很多的方法可以帮助我们减少财务状况带来的压力。其中包括合理使用信用卡、认识到购物就是花钱，并且学会如何省钱和如何挣钱。

人的一生很长，衰老是不可避免的。虽然衰老不能完全避免，但是衰老的过程是可以延缓的。保持活跃的人际关系、健康的饮食、适当的身心锻炼和充足的睡眠都有利于延缓衰老。把长寿视为另一种生活经历，可以减少衰老带来的压力。

结 论

难相处的人是你根据自己的感觉给他们贴上的标签，你可以把他们当作对你的挑战，这样，矛盾或摩擦解除后，你会有前所未有的成就感。而且使用这种方法还会有效减轻你的压力。省钱是一个能带给你成就感的过程，它可以帮助你全权掌控自己的钱包。为了获得更多的收入，要有创造力，要坚持不懈。活的时间长点儿，享受老年生活。

图书在版编目（CIP）数据

生活零压力：开启优雅人生的27堂课 / (美) 马文·马歇尔著；杨骥捷译.
-- 北京：中国工人出版社, 2020.8
书名原文: LIVE WITHOUT STRESS: How to Enjoy the Journey
ISBN 978-7-5008-7454-6

Ⅰ.①生… Ⅱ.①马… ②杨… Ⅲ.①心理压力－心理调节－通俗读物
Ⅳ.①B842.6-49

中国版本图书馆CIP数据核字(2020)第130392号

著作权合同登记号　图字：01-2019-6841

Copyright © 2017 Marvin L. Marshall
The Chinese edition to include the following statement:
Translation rights arranged through Deanna Leah, HBG Productions, Chico CA (www.hbgproductions.com) and CA-LINK INTERNATIONAL LLC (www.ca-link.com)

生活零压力：开启优雅人生的27堂课

出 版 人	王娇萍
责任编辑	王　宁
责任印制	黄　丽
出版发行	中国工人出版社
地　　址	北京市东城区鼓楼外大街45号　邮编：100120
网　　址	http://www.wp-china.com
电　　话	（010）62005043（总编室） （010）62005039（印制管理中心） （010）62379038（社科文艺分社）
发行热线	（010）62005996　82029051
经　　销	各地书店
印　　刷	北京市密东印刷有限公司
开　　本	880毫米×1230毫米　1/32
印　　张	9.75
字　　数	214千字
版　　次	2020年10月第1版　2020年12月第2次印刷
定　　价	58.00元

本书如有破损、缺页、装订错误，请与本社印制管理中心联系更换
版权所有　侵权必究